U0379403

中等职业教育机械类系列教材

特种加工技术
——电火花加工
（第三版）

主　编　雷林均

副主编　李　黎　陶　涛

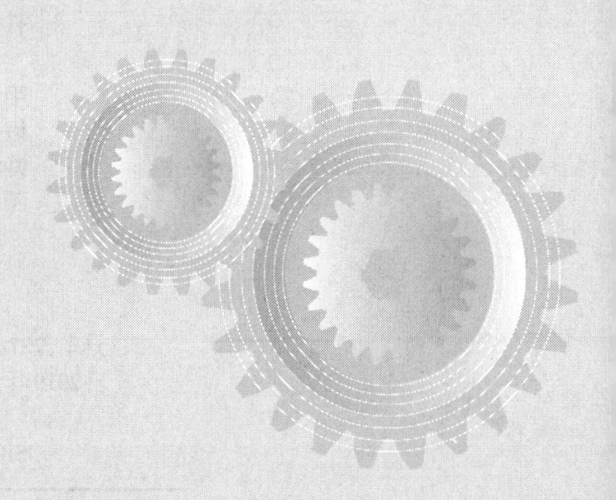

重庆大学出版社

内 容 提 要

本书为中等职业教育机械类系列教材之一，将理论教材与实作教材合二为一。以电火花线切割和电火花成型加工技术为重点，突出实际操作技术，配有丰富的实物图片，介绍了电火花加工在现代模具特种加工技术中的方法、特点和工艺。主要内容包括：电火花加工概述，线切割机床的组成及加工操作，线切割加工工艺，数控线切割编程，CAXA 线切割，电火花成型加工操作与工艺以及电火花加工安全文明生产等内容。

本书是从事模具特种加工技能人才的培训教材，可供中职学校及社会培训学员使用，也可作为机械类其他专业选修教材和教学参考书。

图书在版编目(CIP)数据

特种加工技术：电火花加工/雷林均主编.—2 版.—重庆：重庆大学出版社，2013.2(2024.12 重印)
中等职业教育机械类系列教材
ISBN 978-7-5624-4220-2

Ⅰ.①特…　Ⅱ.①雷…　Ⅲ.①电火花加工—中等专业学校—教材　Ⅳ.①TG661

中国版本图书馆 CIP 数据核字(2013)第 022635 号

特种加工技术——电火花加工
(第三版)
主　编　雷林均
副主编　李　黎　陶　涛
责任编辑：曾显跃　　版式设计：曾显跃
责任校对：文　鹏　　责任印制：张　策
*
重庆大学出版社出版发行
出版人：陈晓阳
社址：重庆市沙坪坝区大学城西路 21 号
邮编：401331
电话：(023) 88617190　88617185(中小学)
传真：(023) 88617186　88617166
网址：http://www.cqup.com.cn
邮箱：fxk@cqup.com.cn (营销中心)
全国新华书店经销
重庆华林天美印务有限公司印刷
*
开本：787mm×1092mm　1/16　印张：8.5　字数：212 千
2019 年 1 月第 3 版　　2024 年 12 月第 12 次印刷
印数：20 501—21 500
ISBN 978-7-5624-4220-2　定价：32.00 元

序

当前,为配合社会经济的发展,职业教育越来越受到重视,加快高素质技术人才的培养已成为职业教育的重要任务。随着机械加工行业的快速发展,企业需要大批量的技术工人,机械类专业正逐步成为中等职业学校的主要专业,为培养出企业所需要的技术工人,大多数学校采用了“2 +1”三年制教学模式。因此,编写适合中等职业学校新教学模式的特点,符合企业要求,深受师生欢迎,能为学生上岗就业奠定坚实基础的新教材,已成为职业学校教学改革的当务之急。为适应职业教育改革发展的需要,重庆大学出版社、重庆市教育科学研究院职成教所及重庆市中等职业学校机械类专业中心教研组,组织重庆市中等职业学校教学一线的“双师型”骨干教师,编写了该套知识与技能结合、教学与实践结合、突出实效、实际、实用特点的中等职业学校机械类专业的专业课系列教材。

在编写的过程中,我们借鉴了澳大利亚、德国等国外先进的职业教育理念,广泛参考了各地中等职业学校的教学计划,征求了企业技术人员的意见,并邀请了行业和学校的有关专家,多次对书稿进行评议和反复论证。为保证教材的编写质量,我们选聘的作者都是长期从事中等职业学校机械类专业教学工作的优秀的双师型教师,他们具有丰富的生产实践经验和扎实的理论基础,非常熟悉中等职业学校的教育教学规律,具有丰富的教材编写经验。我们希望通过这些工作和努力使教材能够做到:

第一,定位准确,目标明确。充分体现“以就业为导向,以能力为本位,以学生为宗旨”的精神,结合中等职业学校双证书和职业技能鉴定的需求,把中等职业学校的特点和行业的需求有机地结合起来,为学生的上岗就业奠定起坚实的基础。

中等职业学校的学制是三年,大多采用“2 +1”模式。学生在校只有两年时间,学生到底能够学到多少知识与技能;学生上岗就业,到底应该需要哪些知识与技能;我们在编写过程中本着实事求是的原则,进行了反复论证和调研,并参照了国家职业资格认证标准,以中级工为基本依据,兼顾中职的特点,力求做到精简整合、科学合理地安排知识与技能的教学。

第二,理念先进,模式科学。利用澳大利亚专家来重庆开展项目合作的机会,我们学习了不少澳大利亚职业教育的先进理念和教学方法,同时也借鉴了德国等其他国家先进的职教理念,汲取了普通基础教育新课程改革的精髓,摒弃了传统教材的编写方法,从实例出发,采用项目教学的编写模式,讲述学生上岗就业需要的知识与技能,以适应现代企业生产实际的需要。

第三,语言通俗,图文并茂。中等职业学校学生绝大多数是初中毕业生,由于种种原因,其文化知识基础相对较弱,并且中职学校机械类专业的设备、师资、教学等也各有特点。因此,在教材的编写模式、体例、风格和语言运用等方面,我们都充分考虑了这些因素。尽量使教材语言简明、图说丰富、直观易懂,以期老师用得顺手,学生看得明白,彻底摒弃大学教材缩编的痕迹。

第四,整体性强、衔接性好。中等职业学校的教学,需要全程设计,整体优化,各教材浑然一体、互相衔接,才能够满足师生的教学需要。为此,充分考虑了各教材在系列教材中的地位与作用以及它们的内在联系,克服了很多教材之间知识点简单重复,或者某些内容被遗漏的问题。

第五,注重实训,可操作性强。机械类专业学生的就业方向是一线的技术工人。本套教材充分体现了如何做、会操作、能做事的编写思想,力图以实作带理论,理论与实作一体化,在做的过程中,掌握知识与技能。

第六,强调安全,增强安全意识。充分体现机械类行业的"生产必须安全,安全才能生产"的特点,把安全意识和安全常识贯穿教材的始终。

本系列教材在编写过程中,得到重庆市教育科学研究院职成教所向才毅所长、徐光伦教研员,重庆市各相关职业学校的大力支持与帮助,在此表示衷心地感谢。同时,在系列教材的编写过程中,澳大利亚专家给了我们不少的帮助和支持,在此表示衷心地感谢。

我们期望本系列教材的出版,能对我国中等职业学校机械类专业的教学工作有所促进,并能得到各位职业教育专家与广大师生的批评指正,便于我们能逐步调整、补充、完善本系列教材,使之更加符合中等职业学校机械类专业的教学实际。

中等职业教育机械类系列教材
编委会

前　言

本书在习近平新时代中国特色社会主义思想指导下，落实“新工科”建设要求，根据企业对操作型技术工人的需求，结合中等职业学校学生的特点，参考中级技工应达到的水平进行编写。内容的组织和取舍，力求适应中职学校教学需要，从生产实际出发，注重实用。以操作方法和加工工艺为重点，以培养生产一线技术应用型人才为目标。书中介绍尽可能简明，通俗易懂，示例尽可能具有代表性和可移植性。

全书采用项目式编写，分解成课题进行介绍或操作指导。项目一“电火花加工概述”介绍电火花加工的原理、特点和应用；项目二“电火花线切割机床与操作”详细介绍电火花线切割的基本操作和加工工艺；项目三“数控线切割编程”介绍线切割3B格式程序指令，线切割G代码格式程序指令，CAXA线切割软件的使用；项目四“电火花成型加工”介绍电火花成型加工工艺，电火花成型机床的基本操作。

根据中等职业学校机械类的教学要求，本课程教学约需51课时。课时分配，可参考下表：

内容	项目一	项目二	项目三	项目四
课时	5	22	10	14

本书由雷林均、陶涛、张光铃、石有菊、李黎共同编写，由雷林均担任主编，李黎、陶涛担任副主编。在编写过程中得到了重庆市龙门浩职业中学、重庆市渝北职业教育中心相关老师的大力支持，在此表示衷心的感谢！

由于编者水平有限，难免有错误或不妥之处，恳切希望广大读者批评指正。

编　者

2018年12月

目　录

项目一　电火花加工概述

项目内容

①电火花加工的原理。
②电火花加工的应用。

项目目的

了解电火花技术原理、特点和应用。

项目实施

任务一　电火花加工原理及特点

随着模具制造技术的发展和模具新材料的出现,对于模具工作零件,除采用切削方式进行加工外,还常用一些特殊的加工方法,如电火花加工、电解加工、超声波加工、化学加工、冷挤压、超塑成型、铸造、激光快速成型等方法,特别是电火花加工应用十分广泛。

课题一　电火花加工原理

一、电火花加工的基本原理

电火花加工又称放电加工,也有称为电脉冲加工的,它是一种直接利用热能和电能进行加工的工艺。电火花加工与金属切削加工的原理完全不同,在加工过程中,工具和工件不接触,而是靠工具和工件之间的脉冲性火花放电,产生局部、瞬时的高温把金属材料逐步蚀除掉。由于放电过程可见到火花,所以称为电火花加工。

根据电火花加工工艺的不同,电火花加工又可分为电火花线切割加工、电火花穿孔成形加工、电火花磨削和镗磨、电火花同步共轭回转加工、电火花高速小孔加工、电火花表面强化和刻字等。

电火花加工的原理如图 1.1 所示。工件与工具电极分别连接到脉冲电源的两个不同极性的电极上。当两电极间加上脉冲电压后,当工件和电极间保持适当的间隙时,就会把工件与工具电极之间的工作液介质击穿,形成放电通道。放电通道中产生瞬时高温,使工件表面材料熔化甚至气化,同时也使工作液介质气化,在放电间隙处迅速热膨胀并产生爆炸,工件表面一小部分材料被蚀除抛出,形成微小的电蚀坑。脉冲放电结束后,经过一段时间间隔,使工作液恢复绝缘。脉冲电压反复作用在工件和工具电极上,上述过程不断重复进行,工件材料就逐渐被蚀除掉。伺服系统不断地调整工具电极与工件的相对位置,自动进给,保证脉冲放电正常进行,直到加工出所需要的零件。

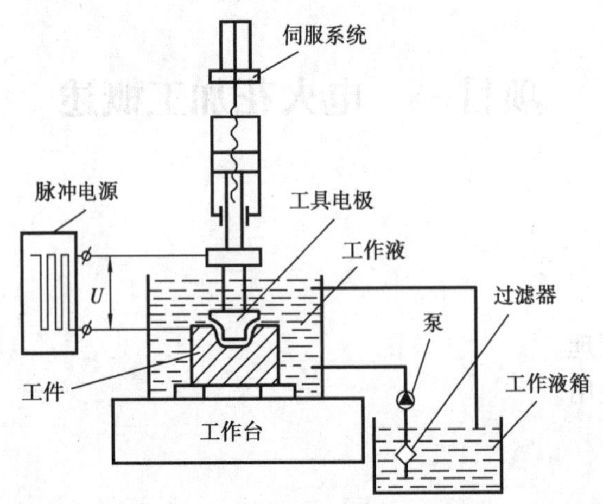

图 1.1　电火花加工的原理示意图

二、电火花加工的条件

进行电火花加工,应在一定的条件下进行:

①在脉冲放电点必须有足够大的能量密度,能使金属局部熔化和气化,并在放电爆炸力的作用下,把熔化的金属抛出来。为了使能量集中,放电过程通常在液体介质中进行。

②工具电极和工件被加工表面之间要保持一定的放电间隙。这一间隙随加工条件而定,通常为几微米至几百微米。如果间隙过大,极间电压不能击穿极间介质。因此,在电火花加工过程中必须具有自动进给装置来维持放电间隙。

③放电形式应该是脉冲的,放电时间要很短,一般为 $10^{-7} \sim 10^{-3}$ s。这样才能使放电所产生的热量来不及传导扩散到其余部分,将每次放电点分布在很小的范围内,否则像持续电弧放电,产生大量热量,只是金属表面熔化、烧伤,而达不到加工目的。

④必须把加工过程中所产生的电蚀产物和余热及时地从加工间隙中排除出去,保证加工能正常地持续进行。

⑤在相邻两次脉冲放电的间隔时间内,电极间的介质必须能及时消除电离,避免在同一点上持续放电而形成集中的稳定电弧。

⑥电火花放电加工必须在具有一定绝缘性能的液体介质(工作液)中进行。电火花加工工艺类型不同,选用的工作液也不同。

课题二　电火花加工的特点

一、电火花加工的优势

电火花加工不用机械能量,不靠切削力去除金属,而是直接利用电能和热能来去除金属。电火花加工已成为常规切削、磨削加工的重要补充,相对于机械切削加工而言,电火花加工具有以下一些特点:

①适合于用传统机械加工方法难以加工的材料加工,表现出“以柔克刚”的特点。因为材料的去除是靠放电热蚀作用实现的,材料的加工性主要取决于材料的热学性质,如熔点、比热容、导热系数(热导率)等,几乎与其硬度、韧性等力学性能无关。工具电极材料不必比工件

硬，所以电极制造相对比较容易。

②可加工特殊及复杂形状的零件。由于电极和工件之间没有相对切削运动，不存在机械加工时的切削力，因此适宜于低刚度工件和细微加工。由于脉冲放电时间短，材料加工表面受热影响范围比较小，所以适宜于热敏性材料的加工。此外，由于可以简单地将工具电极的形状复制到工件上，因此特别适用于薄壁、低刚性、弹性、微细及复杂形状表面的加工，如复杂的型腔模具的加工。

③可实现加工过程自动化。加工过程中的电参数较机械量易于实现数字控制、自适应控制、智能化控制，能方便地进行粗、半精、精加工各工序，简化工艺过程。在设置好加工参数后，加工过程中无须进行人工干涉。

④可以改进结构设计，改善结构的工艺性。采用电火花加工后可以将拼镶、焊接结构改为整体结构，既大大提高了工件的可靠性，又大大减少了工件的体积和质量，还可以缩短模具加工周期。

⑤可以改变零件的工艺路线。由于电火花加工不受材料硬度影响，所以可以在淬火后进行加工，这样可以避免淬火过程中产生的热处理变形。如在压铸模或锻压模制造中，可以将模具淬火到大于56HRC的硬度。

二、电火花加工的局限性

电火花加工有其独特的优势，但同时电火花加工也有一定的局限性，具体表现在以下几个方面：

①主要用于金属材料的加工。不能加工塑料、陶瓷等绝缘的非导电材料。但近年来的研究表明，在一定条件下也可加工半导体和聚晶金刚石等非导体超硬材料。

②加工效率比较低。一般情况下，单位加工电流的加工速度不超过20 $mm^3/(A \cdot min)$。相对于机加工来说，电火花加工的材料去除率是比较低的。因此经常采用机加工切削去除大部分余量，然后再进行电火花加工。此外，加工速度和表面质量存在着突出的矛盾，即精加工时加工速度很低，粗加工时常受到表面质量的限制。

③加工精度受限制。电火花加工中存在电极损耗，由于电火花加工靠电、热来蚀除金属，电极也会遭受损耗，而且电极损耗多集中在尖角或底面，影响成形精度。虽然最近的机床产品在粗加工时已能将电极的相对损耗比降至1%以下，精加工时能降至0.1%，甚至更小，但精加工时的电极低损耗问题仍需深入研究。

④加工表面有变质层甚至微裂纹。由于电火花加工时在加工表面产生瞬时的高热量，因此会产生热应力变形，从而造成加工零件表面产生变质层。

⑤最小角部半径的限制。通常情况下，电火花加工得到的最小角部半径略大于加工放电间隙，一般为0.02～0.03 mm，若电极有损耗或采用平动头加工，角部半径还要增大，而不可能做到真正的完全直角。

⑥外部加工条件的限制。电火花加工时放电部位必须在工作液中，否则将引起异常放电，这给观察加工状态带来麻烦，工件的大小也受到影响。

⑦加工表面的“光泽”问题。加工表面是由很多个脉冲放电小坑组成。一般精加工后的表面，也没有机械加工后的那种“光泽”，需经抛光后才能发“光”。

⑧加工技术问题。电火花加工是一项技术性较强的工作，掌握的好坏是加工能否成功的

关键,尤其是自动化程度低的设备,工艺方法的选取、电规准的选择、电极的装夹与定位、加工状态的监控、加工余量的确定与操作人员的技术水平有很大关系。因此,在电火花加工中经验的积累是至关重要的。

课题三 脉冲电源

一、认识脉冲电源

脉冲电源,又称高频电源,其作用是把普通 220 V 或 380 V、50 Hz 交流电转换为具有一定输出功率的高频单向脉冲电,提供电火花加工所需要的放电能量来蚀除金属。脉冲电源是电火花加工机床的重要组成部分。它是影响电火花加工工艺指标最关键的设备之一,它的性能对电火花加工的生产效率、表面质量、加工过程的稳定性,及工具电极的损耗等技术指标有很大的影响。

脉冲电源输出的两端分别与工具电极和工件连接。在加工过程中向间隙不断输出脉冲,当工具电极和工件间隙达到一定距离时,工作液被击穿而形成脉冲火花放电,工件材料在反复的放电中被蚀除。电极向工件(或工件向电极)不断进给,使工件被加工至要求形状。

脉冲电源主要由脉冲发生器、前置放大器、功率放大器、直流电源及各相关调节电路组成,其原理如图 1.2 所示。

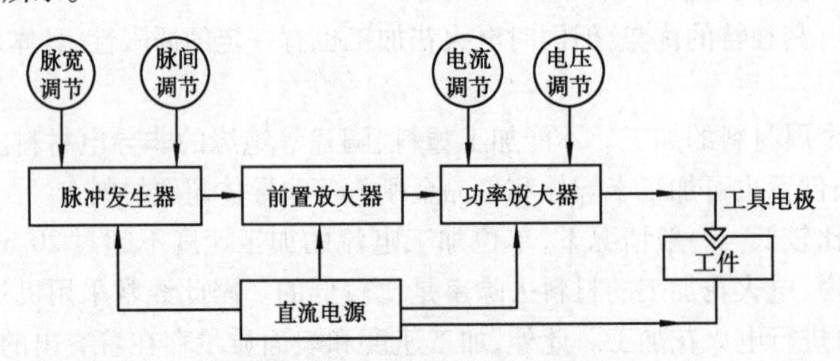

图 1.2 脉冲电源基本组成框图

二、电火花加工对脉冲电源的要求

各种电火花加工设备,其脉冲电源的工作原理相似,但是由于加工条件和加工要求的不同,又各有各的特点。一般情况下,对脉冲电源有以下要求:

①能输出一系列稳定可靠的脉冲,有较强的抗干扰能力。

②脉冲能量达到加工要求。

③脉冲波形,脉冲电压幅值、脉冲电流峰值、脉宽和脉间要满足加工要求。

④脉冲参数(如脉宽、脉间等)易于调节,且调节范围满足加工要求。

三、脉冲电源的类型

1. 按主要部件分类

(1)阻容式脉冲电源

它的原理是利用电阻、电容、电感的充放电,把直流电转换为一系列脉冲。它是电火花加工中最早采用的一种电源。其特点是结构简单,使用和维护方便,但电源功率不大,电规准受放电间隙情况的影响很大,电极损耗也较大。这种电源常用于电火花磨削、小孔加工以及型孔的中、精规准加工。

(2)电子管和闸流管电源

以电子管和闸流管作开关元件,把直流电源逆变为一系列高压脉冲,以脉冲变压器耦合输出放电间隙。这种电源大多用于穿孔加工,是目前电火花穿孔加工中使用最普遍的脉冲电源。这种电源的电参数与加工间隙情况无关,因此又称为独立式脉冲电源。常用的有单管、双管和四管。

(3)晶体管和晶闸管脉冲电源

这两种脉冲电源是目前使用最为广泛的脉冲电源,它们都能输出各种不同的脉宽、峰值电流、脉冲停歇时间的脉冲波,能较好地满足各种工艺条件,尤其适用于型腔电火花加工。

(4)智能化自适应控制电源

由于计算机、集成电路技术的发展,可以把不同材料,粗、中、精不同的电加工参数、规准的数据存入集成芯片内或数据库。操作人员只要“输入”工具电极、工件材料和表面粗糙度等加工条件,计算机根据加工条件和状态的变化,自动选择最佳电规准参数进行加工,达到生产效率最高,最佳稳定放电状态。目前高档的电加工机床多采用微机数字化控制的智能化自适应脉冲电源。

2. 按脉冲波形分类

电火花加工脉冲电源,按放电脉冲波形,可分为方波(矩形波)、锯齿波、前阶梯波、梳状波、分组脉冲波等电源,如图 1.3 所示。

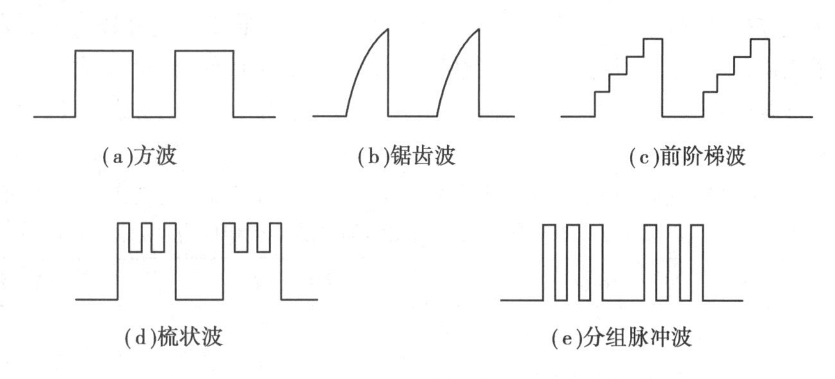

图 1.3　脉冲电源电压波形

(1)晶体管方波脉冲电源

晶体管方波(图 1.3(a))脉冲电源是目前普遍使用的一种电源。这种电源电路的特点是:脉冲电源和脉冲频率可调,制作简单,成本低,但只能用于一般精度和一般表面粗糙度加工。

(2)锯齿波电源

锯齿波形如图 1.3(b)所示,脉冲波形前沿幅度缓变,可以降低加工表面粗糙度,但加工效率不高。锯齿波电源俗称电极丝的低损耗电源。由于其电路比较简单,成本低,故应用比较广泛。

(3)前阶梯波电源

前阶梯波电源可以在放电间隙输出阶梯状上升的电流脉冲波形,如图 1.3(c)所示。这种波形可以有效减少电流变化率。一般是由多路起始时间顺序延时的方波在放电间隙叠加组合而成。它有利于减少电极丝损耗,延长电极丝使用寿命,还可以降低加工表面粗糙度,俗称电极丝低损耗电源,但是加工效率低,用得不多。

(4)梳状波电源

电压波形如图1.3(d)所示,这种电源的性能比方波电源要好。由于带有下方波关不断的现象,容易形成电弧烧断电极丝和不稳定的现象,结构比方波复杂,而且成本高,应用范围有限。

(5)分组脉冲电源

分组脉冲电源是线切割机床上使用效果比较好的电源,比较有发展前途。这种电源有分立元件式、集成电路式、数字式等几种,其波形如图1.3(e)所示。每组高频短脉冲之间有一个稍长的停歇时间,在间隙内可充分消除电离,以保证加工的稳定性;同时高频短脉冲的频率可以提得很高,表面粗糙度与切割速度得到了较好的兼顾。

电火花加工工艺类型不同,对脉冲电源的要求也有所不同。目前广泛采用的电源是晶体管方波电源、晶体管控制的RC式电源和分组脉冲电源。

任务二　电火花加工的应用

课题一　电火花加工工艺类型

电火花加工按工具电极和工件相对运动的方式和用途不同,大致可分为电火花线切割加工、电火花穿孔成型加工、电火花磨削和镗磨、电火花同步共轭回转加工、电火花高速小孔加工、电火花表面强化和刻字6大类。前5类属电火花成型、尺寸加工,是用于改变工件形状或尺寸的加工方法;后者属表面加工方法,用于改善或改变零件表面性质。表1.1为各种电火花加工工艺类型的主要特点和应用。本书重点讲述电火花线切割加工、电火花成型加工。

表1.1　电火花加工工艺类型的主要特点和应用

类别	工艺类型	特点	适用范围	备　注
1	电火花线切割加工	①工具和工件在两个水平方向同时有相对伺服进给运动 ②工具电极为顺电极丝轴线垂直移动的线状电极	①切割各种冲模和具有直纹面的零件 ②下料、切割和窄缝加工	约占电火花机床总数的60%,典型机床有DK7725、DK7740等数控电火花线切割机床
2	电火花穿孔成型加工	①工具和工件间只有一个相对的伺服进给运动 ②工具为成型电极,与被加工表面有相同的截面和相应的形状	①穿孔加工:加工各种冲模、挤压模、粉末冶金模、各种异形孔和微孔 ②型腔加工:加工各类型腔模和各种复杂的型腔工件	约占电火花机床总数的30%,典型机床有D7125、D7140等电火花穿孔成型机床

续表

类别	工艺类型	特点	适用范围	备　注
3	电火花磨削和镗磨	①工具和工件间有径向和轴向的进给运动 ②工具和工件有相对的旋转运动	①加工高精度、表面粗糙值小的小孔，如拉丝模、微型轴承内环、钻套等 ②加工外圆、小模数滚刀等	约占电火花机床总数的 3%，典型机床有 D6310 电火花小孔内圆磨床等
4	电火花同步共轭回转加工	①工具相对工件可作纵、横向进给运动 ②成形工具和工件均作旋转运动，但二者角速度相等或成倍整数，相对应接近的放电点可有切向相对运动速度	以同步回转、展成回转、倍角速度回转等不同方式，加工各种复杂型面的零件，如高精度的异形齿轮、精密螺纹环规，高精度、高对称、表面粗糙值小的内、外回转体表面	小于电火花机床总数的 1%，典型机床有 JN-2、JN-8 内外螺纹加工机床
5	电火花高速孔加工	①采用细管电极（$\varphi > 0.3$ mm），管内冲入高压工作液 ②细管电极旋转 ③穿孔速度很高（30 ~ 60 mm/min）	①线切割预穿丝孔 ②深径比很大的小孔，如喷嘴等	约占电火花机床总数的 2%，典型机床有 D703A 电火花高速小孔加工机床
6	电火花表面强化和刻字	①工具相对工件移动 ②工具在工件表面上振动，在空气中放火花	①模具刃口、刀具、量具刃口表面强化和镀覆 ②电火花刻字、打印机	占电火花机床总数的 1% ~ 2%，典型设备有 D9105 电火花强化机等

课题二　电火花加工的应用

一、电火花成型加工的应用

由于电火花加工有其独特的优越性，再加上数控水平和工艺技术的不断提高，其应用领域日益扩大，已经覆盖到机械、宇航、航空、电子、核能、仪器、轻工等部门，用以解决各种难加工材料、复杂形状零件和有特殊要求的零件的制造，成为常规切削、磨削加工的重要补充和发展。模具制造是电火花成型加工应用最多的领域，而且非常典型。以下简单介绍电火花成型加工在模具制造中的主要应用：

1. 高硬度零件加工

对于某些要求硬度较高的模具，或者是硬度要求特别高的滑块、顶块等零件，在热处理后其表面硬度高达 50HRC 以上，采用机加工方式将很难加工这么高硬度的零件，采用电火花加工则可以不受材料硬度的影响。

2. 型腔尖角部位加工

如锻模、热固性和热塑性塑料模、压铸模、挤压模、橡皮模等各种模具的型腔常存在着一些尖角部位,在常规切削加工中由于存在刀具半径而无法加工到位,使用电火花加工可以完全成型。

3. 模具上的筋加工

在压铸件或者塑料件上,常有各种窄长的加强筋或者散热片,这种筋在模具上表现为下凹的深而窄的槽,用机加工的方法很难将其加工成型,而使用电火花可以很便利地进行加工。

4. 深腔部位的加工

由于机加工时,没有足够长度的刀具,或者这种刀具没有足够的刚性,不能加工具有足够精度的零件,此时可以用电火花进行加工。

5. 小孔加工

对各种圆形小孔、异形孔的加工,如线切割的穿丝孔、喷丝板型孔等,以及长深比非常大的深孔,很难采用钻孔方法加工,而采用电火花或者专用的高速小孔加工机可以完成各种深度的小孔加工。

6. 表面处理

如刻制文字、花纹,对金属表面的渗碳和涂覆特殊材料的电火花强化等。另外,通过选择合理加工参数,也可以直接用电火花加工出一定形状的表面蚀纹。

图 1.4 是用电火花成型加工出的一些零件。

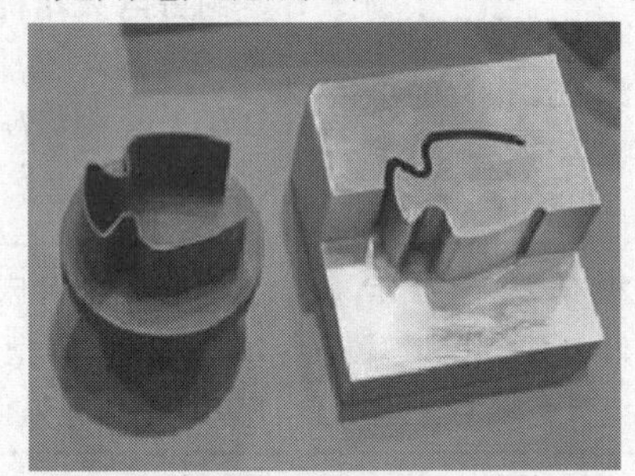

(a)窄缝深槽加工

(b)花纹、文字加工

(c)型腔加工

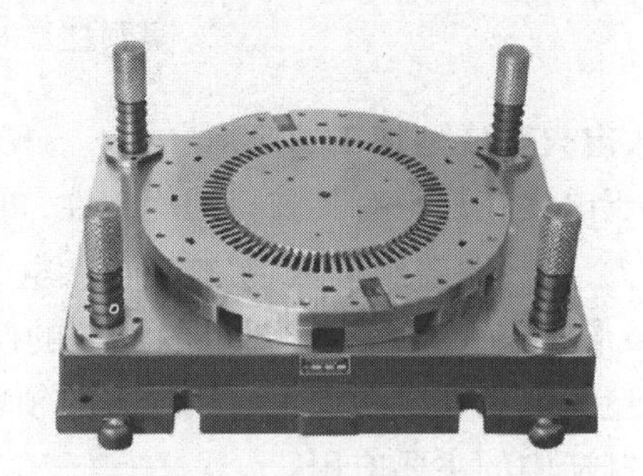

(d)冷冲模穿孔加工

图 1.4　电火花成型加工零件

二、电火花线切割加工的应用

电火花线切割加工与电火花成型加工不同的是,它是用细小的电极丝作为电极工具,可以用来加工复杂型面、微细结构或窄缝的零件。下面是其应用示例。

1. 加工模具

电火花线切割加工主要应用于冲模、挤压模、塑料模及电火花成型加工用的电极等。目前,其加工精度已达到可以与坐标磨床相竞争的程度。而且线切割加工的周期短、成本低,配合数控系统,操作简单,如图 1.5、图 1.6 所示。

图 1.5 无轨电车爪手模具

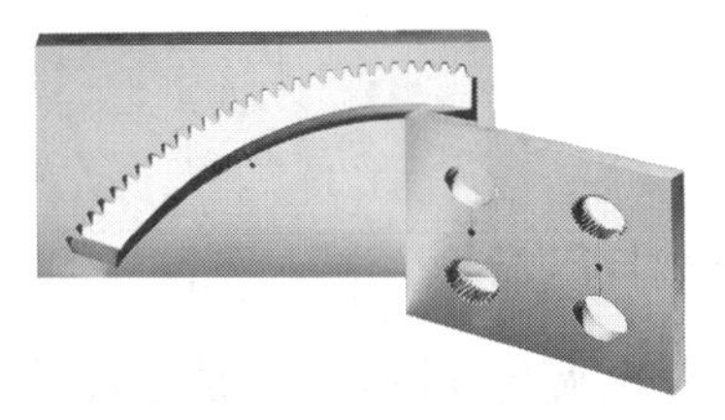

图 1.6 精密冷冲模具

2. 加工具有微细结构和复杂形状的零件

电火花线切割利用细小的电极丝作为火花放电加工工具,又配有数控系统,所以可以轻易地加工出具有微细结构和复杂形状的零件,如图 1.7 所示。

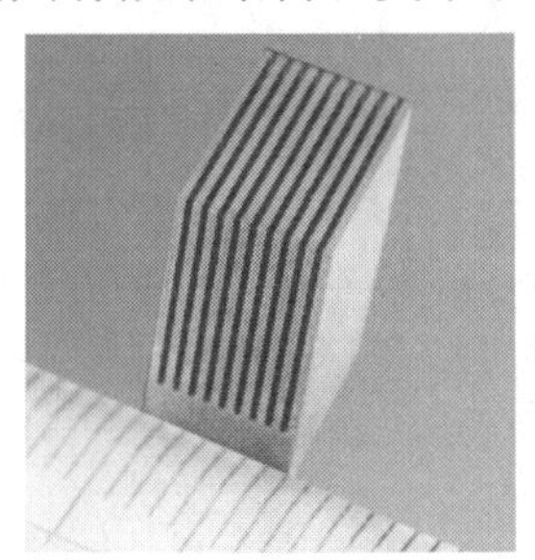
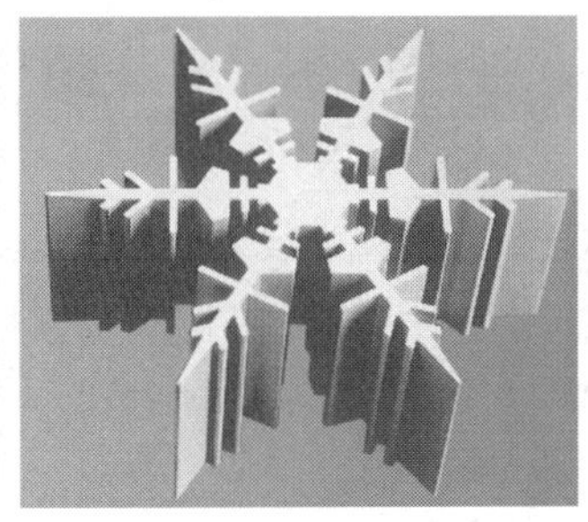

图 1.7 具有微细结构、窄缝、复杂型面和曲线的零件

3. 加工硬质导电材料

由于电火花加工不靠机械切削,与材料硬度无关,所以电火花线切割可以加工硬质导电的材料,如硬质合金材料。

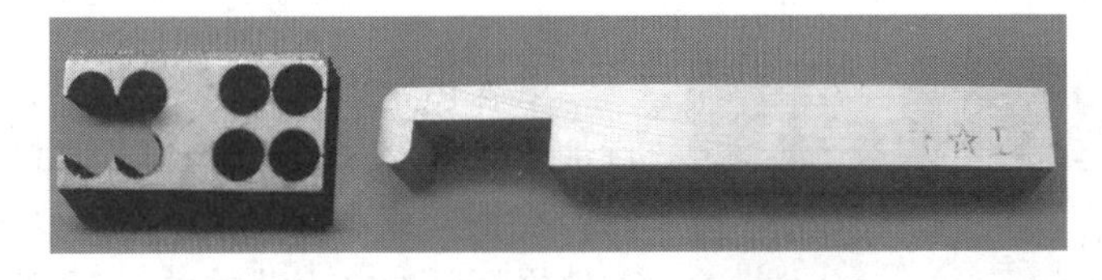

图 1.8 加工硬质合金与高速钢车刀

另外由于线切割加工,能一次成型,所以特别适合于新产品试制。一些关键部件,如果用模具制造,则加工模具周期长且成本高,如果采用线切割加工则可以直接切制零件,从而降低成本,缩短新产品的试制周期。由于线切割加工用的电极丝尺寸远小于切削刀具尺寸(最细的电极丝尺寸可达 0. 02 mm),用它切割贵重金属可减少很多切缝消耗,从而提高原材料利用率。

项目二　电火花线切割机床与操作

项目内容

①电火花线切割机床的组成。
②走丝机构及电极丝相关操作。
③工件装夹及找正操作。
④工作液系统及工作液配制。
⑤电火花线切割加工工艺。
⑥安全文明生产。

项目目的

会用线切割机床进行加工操作。

项目实施过程

任务一　认识电火花线切割机床

课题一　认识电火花线切割加工技术

一、线切割加工

图 2.1　线切割加工

电火花线切割(简称线切割),是利用电火花进行加工的重要设备之一,它是利用移动的金属丝(钼丝、铜丝或者合金丝)作工具电极,靠电极丝和工件之间脉冲电火花放电,产生高温使金属熔化或气化,形成切缝,从而切割出需要的零件的加工方法。线切割加工情景,如图 2.1 所示。

目前,线切割机床大都采用了数控系统,自动化程度较高。线切割机床有快走丝和慢走丝之分,快走丝线切割应用较普遍,所以后面将重点介绍这类机床。

二、线切割加工的特点

线切割加工与传统的车、铣、钻加工方式相比,有自己的特点。

①直接利用 $\phi0.03\sim0.35$ mm 金属线做电极,不需要特定形状,可节约电极的设计、制造

费用。

②不管工件材料硬度如何,只要是导体或半导体材料都可以加工,而且电极丝损耗小,加工精度高。

③适合小批量、形状复杂零件、单件和试制品的加工,且加工周期短。但因线切割加工的金属去除率低,不适合加工形状简单的大批量零件。

④电火花线切割加工中,电极丝与工件不直接接触,两者之间的作用很小,故而工件的变形小,电极丝、夹具不需要太高的强度。

⑤工作液采用水基乳化液,成本低,不会发生火灾。

⑥利用四轴联动,可加工锥度、上下面异形体等零件。

⑦电火花线切割不能加工不导电的材料。

三、快走丝线切割与慢走丝线切割

根据电极丝运行的快慢,线切割机床有快走丝线切割和慢走丝线切割两种,如图 2.2、图 2.3 所示。

图 2.2　快走丝电火花线切割机床

图 2.3　慢走丝电火花线切割机床

快走丝线切割机床是我国独创的电火花线切割加工模式,是我国使用的主要机种。电极丝以钼丝或钨钼合金为主,在加工中电极丝被反复使用,走丝速度快,通常在 8 ~ 10 m/s。快走丝线切割机床结构简单,价格便宜。但由于走丝快,机床和电极丝的振动较大,给提高精度带来了困难。一般加工精度为 0.01 ~ 0.04 mm,表面粗糙度 *Ra* 可达 1.6 ~ 3.2 μm,能满足一般模具加工。

慢走丝线切割机床属于高档机床,我国大多数靠进口,电极丝常用铜或铜合金制成,电极丝一次性使用后就废弃,走丝速度通常在 0.2 m/s 以内。慢走丝线切割加工精度较高,可达 0.005 ~ 0.01 mm,表面粗糙度 *Ra* 可达 0.2 ~ 1.6 μm。

四、线切割机床的型号

我国线切割机床的型号,是根据 GB/T 5375—1997《金属切削机床型号编制方法》编制的,如“DK7732”表示:

D——机床类别代号(电加工机床)

K——机床特性代号(数控)

7——组别代号(电火花加工机床)

7——型号代号(7 为快走丝,6 为慢走丝)

32——基本参数代号(工作台横向行程 320 mm)

课题二　电火花线切割机床组成

一、电火花数控线切割系统

线切割系统包括两大部分:线切割机床主体和控制系统。其中控制系统常见的又有单板机控制系统、电脑台式控制系统和电脑立式控制系统三种,如图 2.4 所示。

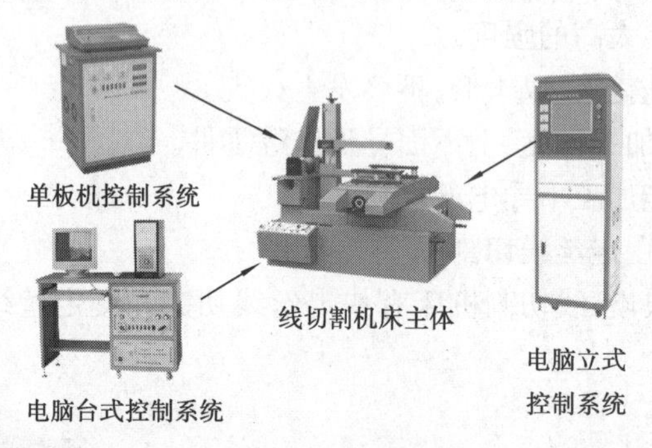

图 2.4　线切割系统

二、线切割机床的组成

线切割机床主体主要包括工作台、储丝及走丝机构、丝架及导轮机构、工作液循环系统、电气控制系统等,如图 2.5 所示。

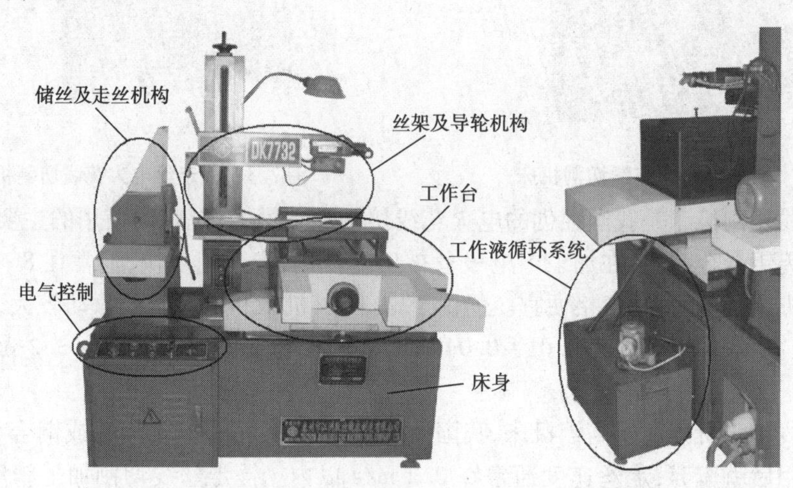

图 2.5　线切割机床组成

工作台是装夹工件进行加工的地方,工作台连接有手轮和步进电机,可以手动操作和自动进给。储丝及走丝机构负责电极丝的运行,丝架及导轮机构用于支撑电极丝和工作液供给管道。工作液循环系统负责工作液的循环及过滤。机床的各个组成部分,后面将作详细的讲解。

任务二 运丝机构及上丝操作

课题一 认识走丝机构、丝架及导轮

储丝及走丝机构、丝架等是电火花线切割加工机床特有的、重要的机构，所以我们要了解其结构，理解其作用，并能熟练地操作。

一、认识走丝机构

高速走丝线切割的电极丝，在工作时是高速往复运动的，一般走丝速度为 8 ~ 10 m/s。储丝及走丝机构的作用，就是使电极丝按一定的速度做往复运动，并将电极丝整齐地缠绕在储丝筒上。储丝及走丝机构如图 2.6 所示。

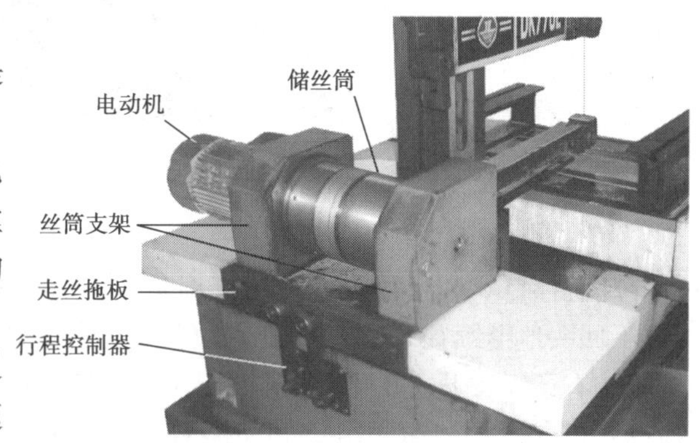

图 2.6 储丝及走丝机构

工作时，电动机带动储丝筒往复正、反向高速旋转，同时通过三对齿轮传动，减速后带动拖板丝杆转动，使走丝拖板配合储丝筒做往复直线运动，保证电极丝整齐地缠绕在储丝筒上，如图 2.7 所示。

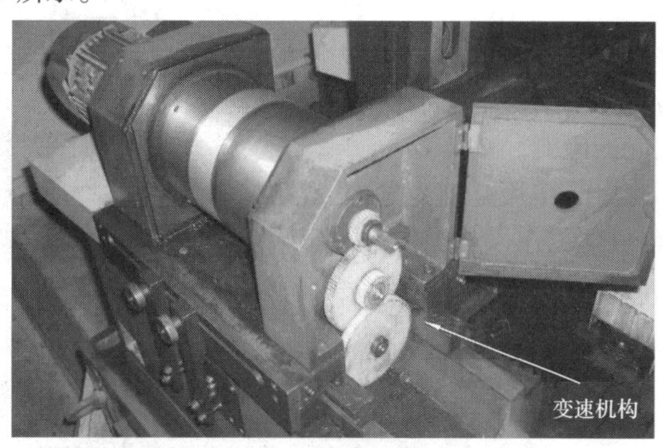

图 2.7 走丝变速齿轮

储丝筒一般用薄而轻的材料做成，这样可以加快换向速度，提高加工效率。储丝长度一般不超过 400 m，按丝速 10 m/s 计算，每 40 s 就要换向一次。

电动机正、反向旋转变换，由走丝行程控制器来检测控制，如图 2. 8 所示。在走丝拖板上装有一对行程限位挡块，在基座上装有行程开关。当走丝拖板 4 向右移动时，换向行程撞钉 7 逐渐靠拢行程开关 1，压下行程开关 1 时，电动机反转，丝筒也反转，走丝拖板开始往左移动；换向行程撞钉 8 又向行程开关 2 靠拢，行程开关 2 被压下时，电动机再次改变旋转方向，储丝筒跟着换向，走丝拖板又往右移动，如此循环往复。

两个行程限位挡块 5 的位置和距离是根据储丝筒上的电极丝的位置和多少来调节的。调节时先松开锁紧螺钉 9，移动行程限位挡块 5 到适当位置，再旋紧螺钉 9。

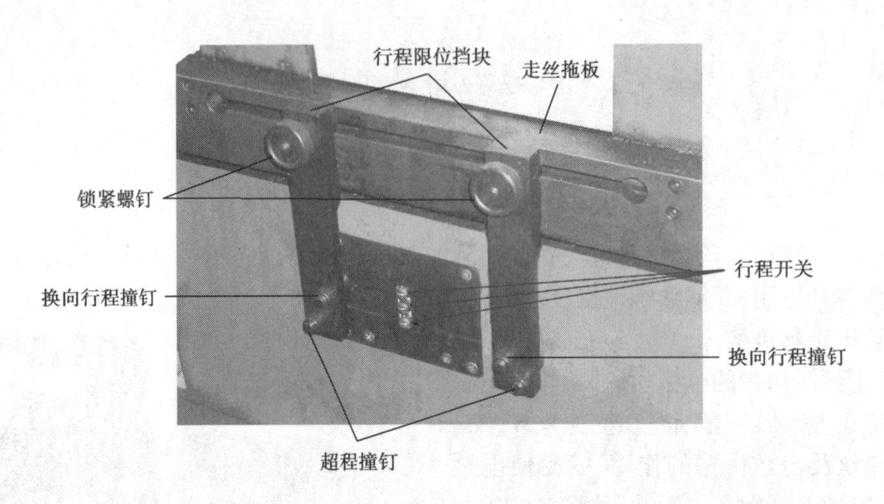

图 2.8 行程控制

超程撞钉 6 和行程开关 3 的作用是：当某种原因导致走丝拖板达到换向位置后，没有换向，不回头地继续往一个方向移动。这时如果没有自动停机保护装置，就会拉断电极丝和撞坏机床。有了行程开关 3 后，在超过行程时，超程撞钉 6 会压下行程开关 3，从而切断机床电源，强行停机，起到了保护作用。可见行程开关 3 相当于“急停”按钮，与超程撞钉 6 配合起到超程保护的作用。

二、认识丝架的各部分

1. 丝架

丝架由上、下丝臂和立柱等组成，如图 2.9 所示。通常下丝臂固定，上丝臂可通过立柱上的手柄来上下移动，从而调节上、下丝臂之间的距离。

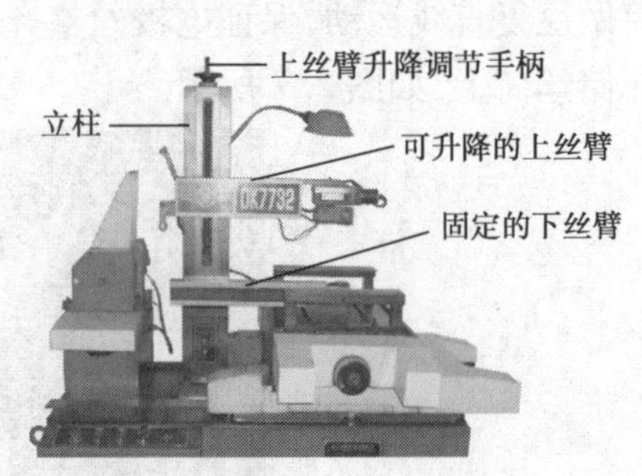

图 2.9 丝架

丝臂及导轮组件机构的作用是对电极丝起支撑作用，通过导轮控制，使电极丝工作段与工作台平面始终保持要求的几何角度，同时丝臂上还装有导电装置，前端装有冷却液喷嘴，如图 2.10 所示。

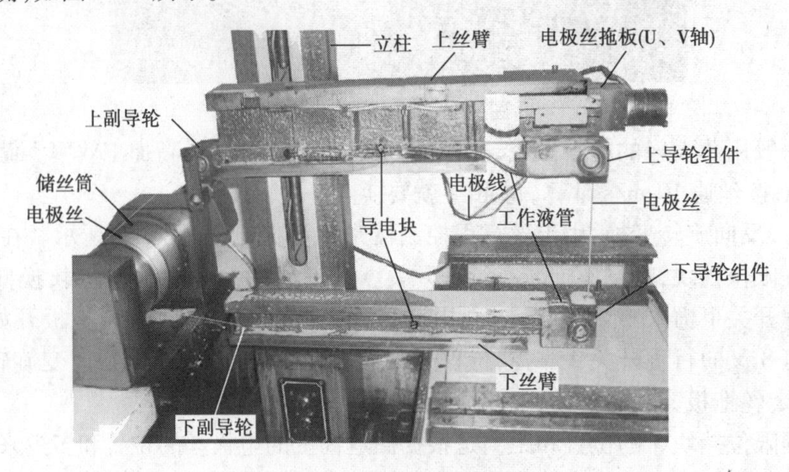

图 2.10 丝架的组成

2. 导轮

导轮的作用是使电极丝稳定地运行。上、下丝臂的前后端都装有导轮,分别是:前上导轮、前下导轮、后上导轮、后下导轮。

前上导轮、前下导轮是主导轮,如图2.11、图2.12所示。主导轮的质量、安装精度和运行稳定性对加工有较大的影响。

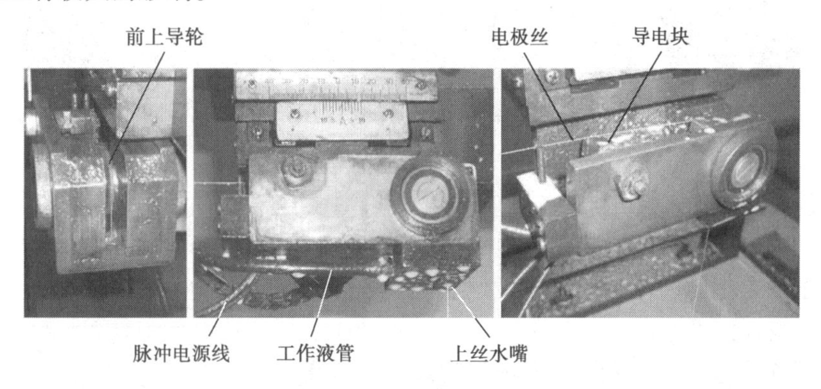

图2.11　前上导轮

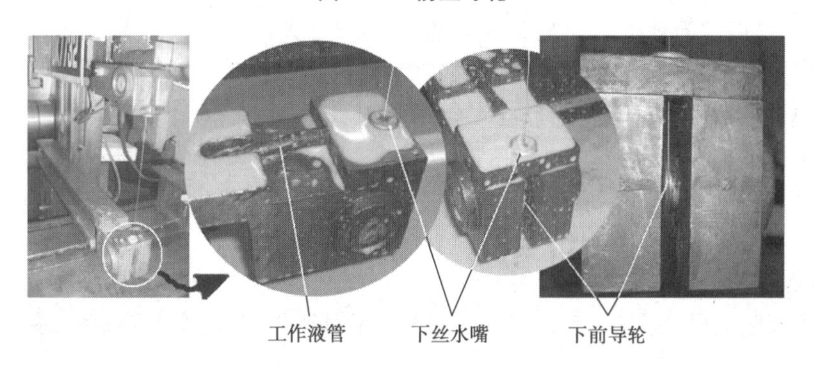

图2.12　前下导轮

后上导轮、后下导轮是副导轮,如图2.13、图2.14所示,它辅助电极丝稳定运行,同时使电极丝能均匀地绕在储丝筒上。

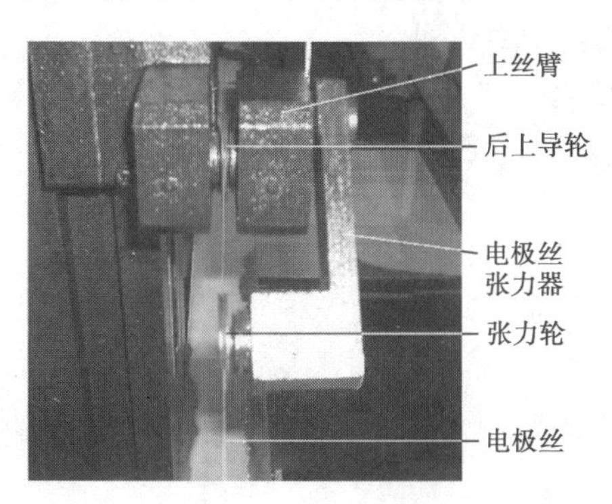

图2.13　后上导轮

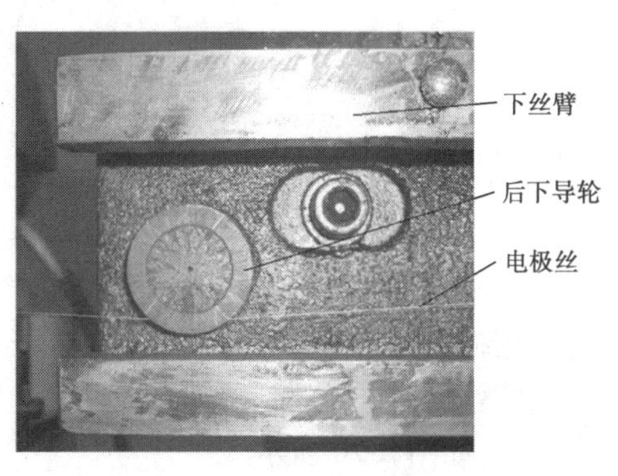

图2.14　后下导轮

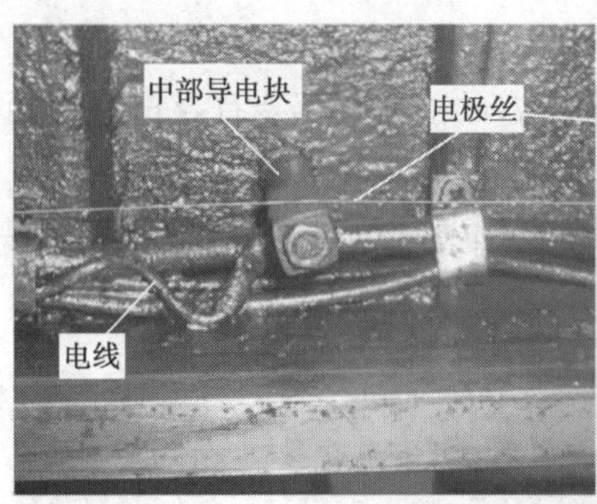

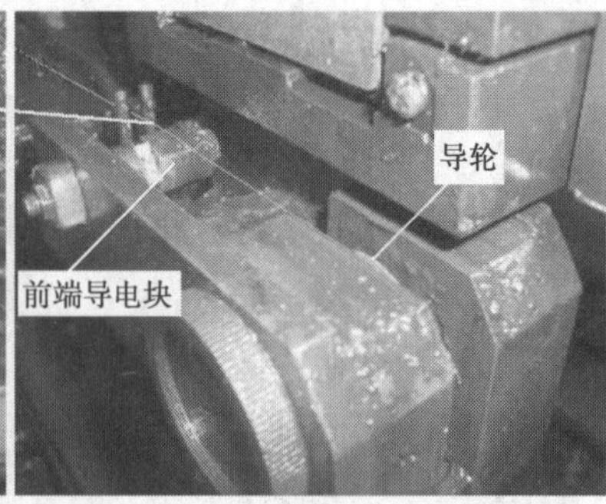

图 2.15　丝臂上的导电块

3. 导电块

导电块是向电极丝送电的装置。走丝过程中，电极丝始终与导电块保持良好接触。上丝臂前端的导电块是把脉冲电源送到电极丝上；上下丝臂中部的导电块进行断丝检测。

4. 丝架走丝示意图

走丝有两个运动，一是储丝筒的正反向旋转，它使电极丝在各个导轮和导电块之间做往复穿梭运动，二是储丝筒拖板的往复直线运动，它使电极丝均匀地缠绕在储丝筒上。这些都是由储丝筒电动机来带动工作的。电极丝走丝路线，如图 2.16 所示。

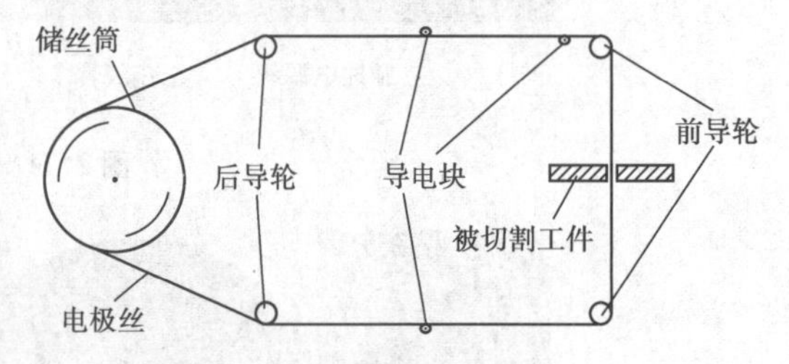

图 2.16　电极丝走丝路线

课题二　电极丝的操作

一、上丝操作

上丝就是安装电极丝，这是电火花线切割加工最基础的操作，必须熟练掌握。其操作步骤如下：

①操作前，按下急停按钮，防止意外，如图 2.17。

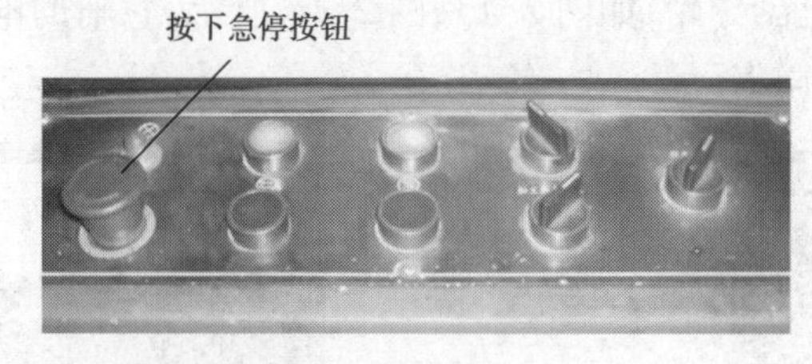

图 2.17　急停

②将丝盘套在上丝螺杆上，并用螺母锁紧，如图 2.18 所示。

③用摇把将储丝筒摇向一端至接近极限位置，如图 2.19 所示。

④将丝盘上电极丝一端拉出绕过上丝导轮，并将丝头固定在储丝筒端部紧固螺钉上，剪掉多余丝头，如图 2.20 所示。

图2.18　装上丝盘

图2.19　储丝筒摇向一端

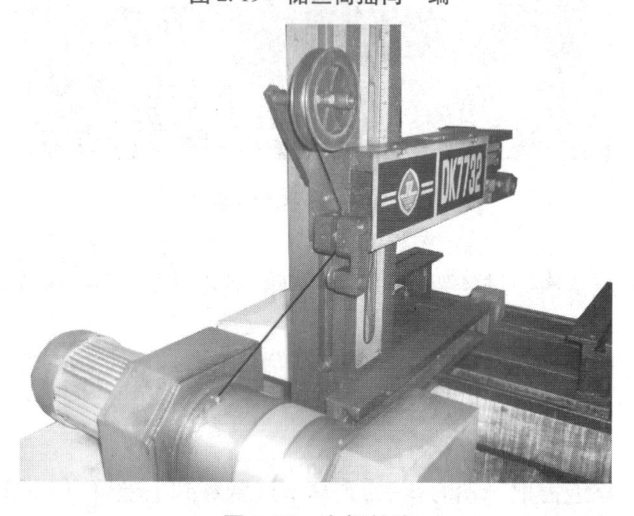

图2.20　上好丝头

⑤用摇把匀速转动储丝筒，将电极丝整齐地绕在储丝筒上，直到绕满，取下摇把，如图2.21所示。手摇储丝筒的旋转方向，要根据丝头在储丝筒上的左端或右端来确定，要注意观察，防

止摇反了方向。在图2. 20 中,丝头在左端,应该顺时针方向摇动储丝筒。

⑥电极丝绕满后,剪断丝盘与储丝筒之间的电极丝,把丝头固定在储丝筒另一端,如图2. 22所示。

图2. 21　手动绕丝

图2. 22　将丝头固定在储丝筒上

⑦粗调储丝筒左右行程挡块,使两个挡块间距小于储丝筒上的丝距。至此完成上丝操作,如图2. 23 所示。

图2. 23　上好丝的储丝筒

二、穿丝操作

穿丝就是把电极丝依次穿过丝架上的各个导轮、导电块、工件穿丝孔,做好走丝准备。操作步骤如下:

①用摇把转动储丝筒,使储丝筒上电极丝的一端与导轮对齐。

②取下储丝筒相应端的丝头,进行穿丝。

穿丝顺序:

a. 如果取下的是靠近摇把一端的丝头,则从下丝臂穿到上丝臂,如图2. 24 所示。

b. 如果取下的是靠近储丝电动机一端的丝头,则从上丝臂穿到下丝臂,即穿丝方向与上面相反。

③将电极丝从丝架各导轮及导电块穿过后,仍然把丝头固定在储丝筒紧固螺钉处。剪掉

多余丝头，用摇把将储丝筒反摇几圈。

④注意事项：

a. 要将电极丝装入导轮的槽内，并与导电块接触良好。并防止电极丝滑入导轮或导电块旁边的缝隙里。

b. 操作过程中，要沿绕丝方向拉紧电极丝，避免电极丝松脱造成乱丝。

c. 摇把使用后必须立即取下，以免误操作使摇把甩出，造成人身伤害或设备损坏。

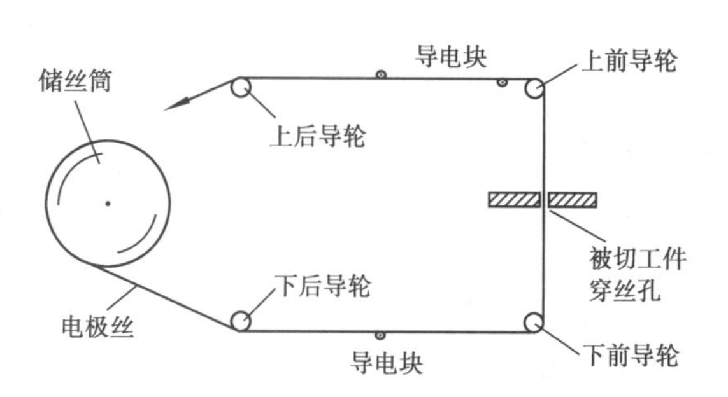

图 2.24 穿丝路径示意图

图 2.25 穿好丝的储丝筒

三、走丝行程调节及紧丝

上丝和穿丝完毕后，就要根据储丝筒上电极丝的长度和位置来确定储丝筒的行程，并调整电极丝的松紧。

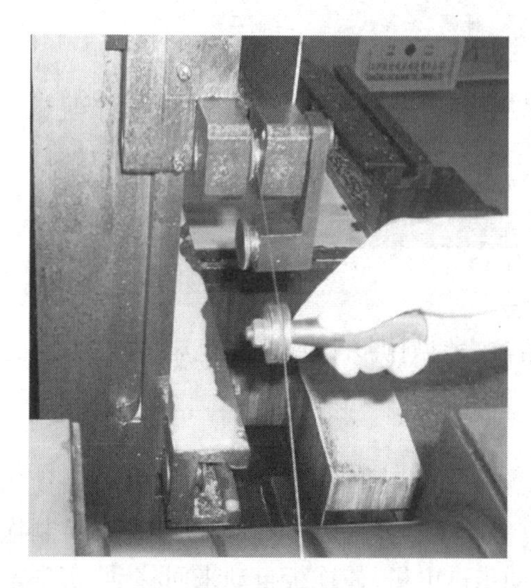

图 2.26 紧丝

1. 调整储丝筒行程

①用摇把将储丝筒摇向一端，至电极丝在该端缠绕宽度剩下 8 mm 左右的位置停止。

②松开相应的限位块上的紧固螺钉，移动限位块，当限位块上的换向行程撞钉移至接近行程开关的中心位置后固定限位块。

③用同样方法调整另一端。两行程挡块之间的距离，就是储丝筒的行程，储丝筒拖板将在这个范围来回移动。

④经过以上调整后，可以开启自动走丝，观察走丝行程，再作进一步细调。为防止机械性断丝，储丝筒在换向时，两端还应留有一定的储丝余量。

2. 紧丝

新装上去的电极丝，往往要经过几次紧丝操作，才能投入工作。

①开启自动走丝,储丝筒自动往返运行。

②待储丝筒上的丝走到左边,刚好反转时,手持紧丝轮靠在电极丝上,加适当张力,如图 2.26 所示。

注意:储丝筒旋转时,电极丝必须是“放出”的方向,才能把紧丝轮靠在电极丝上。

③在自动走丝的过程中,如果电极丝不紧,丝就会被拉长。待储丝筒上的丝从一端走到另一端,刚好转向时,立即按下停止钮,停止走丝。手动旋转储丝筒,把剩余的部分电极丝走到尽头,取下丝头,收紧后装回储丝筒螺钉上,剪掉多余的丝,再反转几圈。

④反复几次,直到电极丝运行平稳,松紧适度。

任务三　工件的装夹

课题一　认识坐标工作台

一、工作台的组成

工作台安装在经过水平校正的床身上。工作台有上下两层,下面一层称为下拖板(也称为 X 轴拖板),它能够带动工作台左右来回移动;上面一层称为上拖板(也称为 Y 轴拖板),它能够带动工作台前后来回移动。上拖板也就是工作台,工作台上面安装有四个(或更多)绝缘块,绝缘块上方是工件夹具支架,支架连接脉冲电源,如图 2.27 所示。

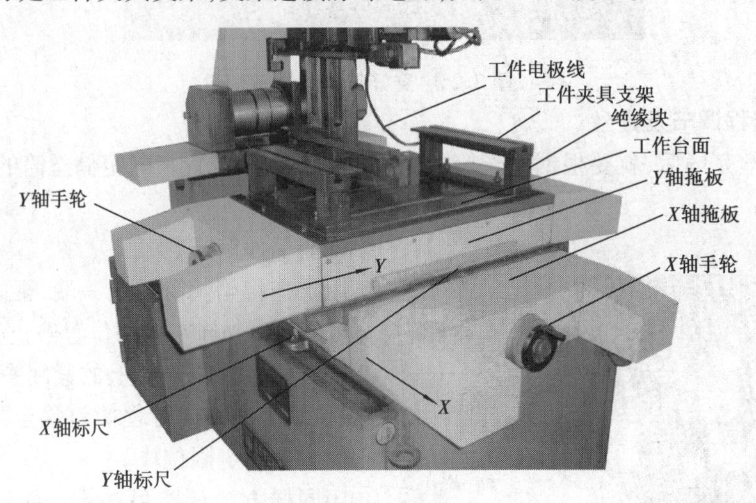

图 2.27　工作台

工作台有两个运动方向,即两个坐标轴。以人站在线切割机床前面观察机床,左右方向为 X 轴,左负右正;前后方向为 Y 轴,前负后正。

二、工作台主要部件的作用

1. 拖板

拖板下面装有进给丝杆,丝杆连接手轮和步进电机。手动操作时,可以摇动手轮来控制拖板前、后、左、右来回移动,自动加工时由控制系统驱动步进电机,使拖板自动来回移动,实现定位或加工出符合要求的零件。

2. 手轮

手轮与丝杆相连接,用于手动移动拖板。手轮上配有精密的刻度盘,用来读取拖板移动的距离,如图 2.28 所示。

手动操作时,拖板移动的距离,可以利用拖板上的标尺和手轮上的刻度盘来读取。标尺上的一小格是 1 mm;手轮上的一小格是 0.01 mm(俗称 1 丝),刻度盘转一圈是 4 mm(即 400 丝)。

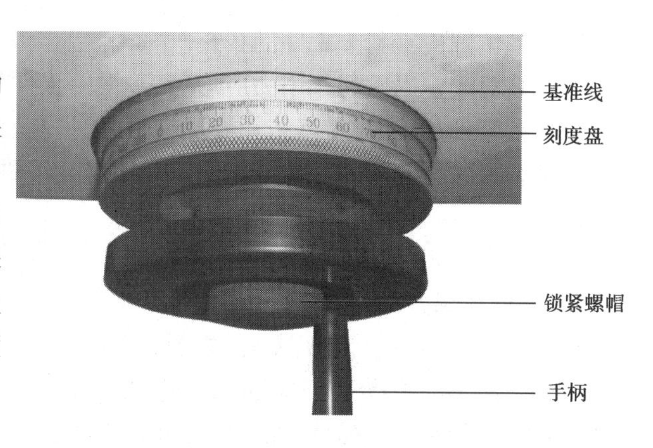

图 2.28 手轮

3. 工作台面

工作台面是装夹工件并进行放电加工的地方。工作台前后有经过绝缘垫块支撑的夹具支架,支架通过电线与脉冲电源正极相连。工件安装在支架上后,工件成为脉冲电源正极,加工时就可与电极丝(电极丝接脉冲电源负极)产生放电。工作台面上设计有工作液回流沟槽,沟槽里有排液孔,如图 2.29 所示。

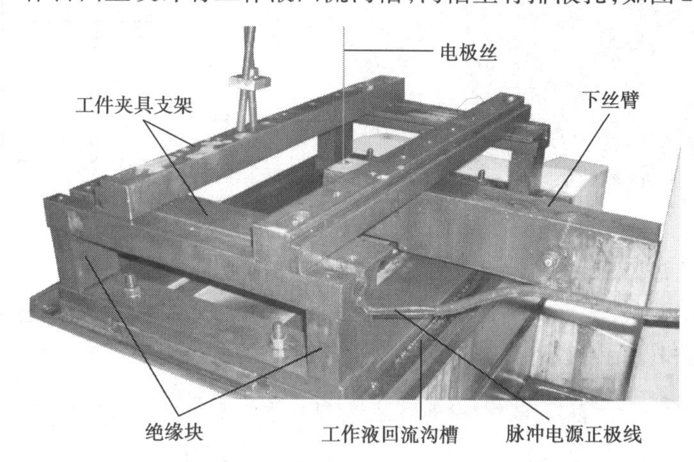

图 2.29 工作台面

课题二 学习装夹工件

线切割加工机床的工作台比较简单,一般在通用夹具上采用压板固定工件。为了适应各种形状的工件加工,机床还可以使用旋转夹具和专用夹具。工件装夹的形式与精度对机床的加工质量及加工范围有着明显的影响。

一、工件装夹的一般要求

①待装夹的工件其基准部位应清洁无毛刺,符合图样要求。对经淬火的模件在穿丝孔或凹模类工件扩孔的台阶处,要清除淬火时的渣物及工件淬火时产生的氧化膜表面,否则会影响其与电极丝间的正常放电,甚至卡断电极丝。

②夹具精度要高,装夹前先将夹具固定在工作台面上,并找正。

③保证装夹位置在加工中能满足加工行程需要,工作台移动时不得和丝架臂相碰,否则无法进行加工。

④装夹位置应有利于工件的找正。

⑤夹具对固定工件的作用力应均匀,不得使工件变形或翘起,以免影响加工精度。

⑥成批零件加工时,最好采用专用夹具,以提高工作效率。

⑦细小、精密、壁薄的工件应先固定在不易变形的辅助小夹具上才能进行装夹,否则无法加工。

装夹的方式很多,下面学习一些常用的方法。

二、悬臂支撑方式

悬臂支撑通用性强,装夹方便,如图2.30所示。但由于工件单端固定,另一端呈悬梁状,因而工件平面不易平行于工作台面,易出现上仰或下斜,致使切割表面与其上下平面不垂直或不能达到预定的精度。另外,加工中工件受力时,位置容易变化。因此只有在工件的技术要求不高或悬臂部分较少的情况下才能使用。

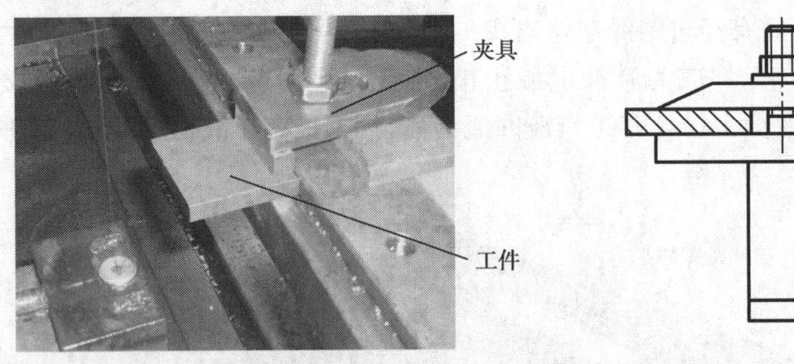

图2.30　悬臂支撑方式

三、垂直刃口支撑方式

如图2.31所示,工件装在具有垂直刃口的夹具上,此种方法装夹后工件能悬伸出一角便于加工。装夹精度和稳定性较悬臂式支撑为好,也便于找正。

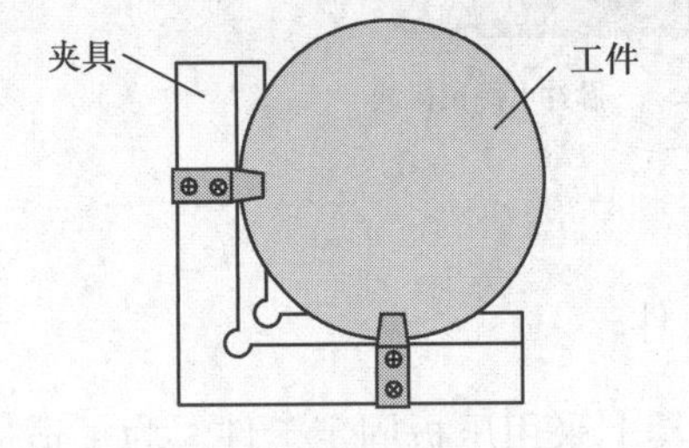

图2.31　垂直刃口支撑方式

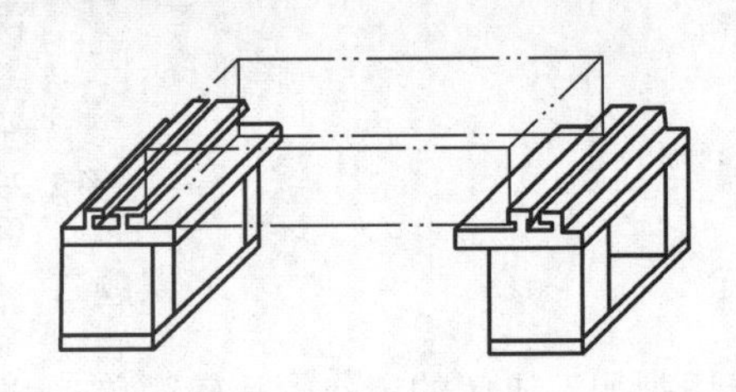

图2.32　双端支撑方式

四、双端支撑方式

工件两端固定在夹具上,其装夹方便,支撑稳定,平面定位精度高,如图3.32所示,但不利于小零件的装夹。

五、桥式支撑方式

采用两支撑垫铁架在双端支撑夹具上,如图2.33所示。其特点是通用性强,装夹方便,对大、中、小工件都可方便地装夹。

六、板式支撑方式

板式支撑夹具可以根据工件的常规加工尺寸而制造,呈矩形或圆形孔,并增加 X、Y 方向的定位基准。装夹精度易于保证,适于常规生产中使用,如图 2. 34 所示。

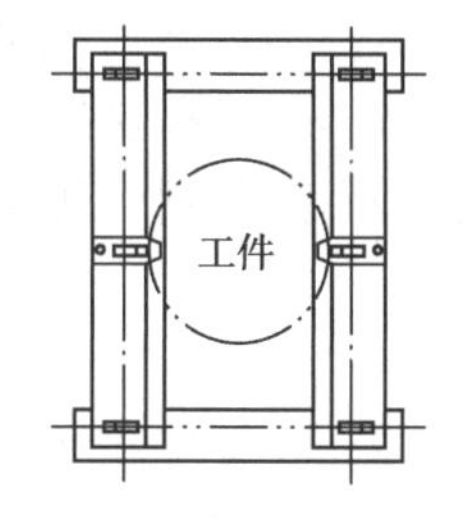

图 2. 33 桥式支撑方式

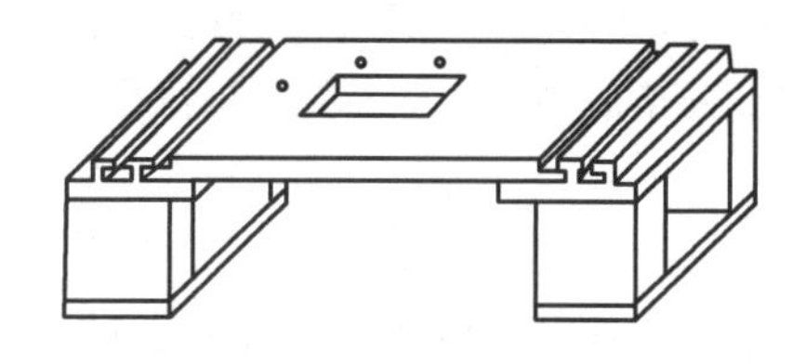

图 2. 34 板式支撑方式

七、复式支撑方式

复式支撑夹具是在桥式夹具上再固定专用夹具而成。这种夹具可以很方便地实现工件的成批加工。它能快速地装夹工件,因而可以节省装夹工件过程中的辅助时间,特别是节省工件找正及对丝所耗费的时间。这样,既提高了效率,又保证了工件加工的一致性,其结构如图 2. 35所示。

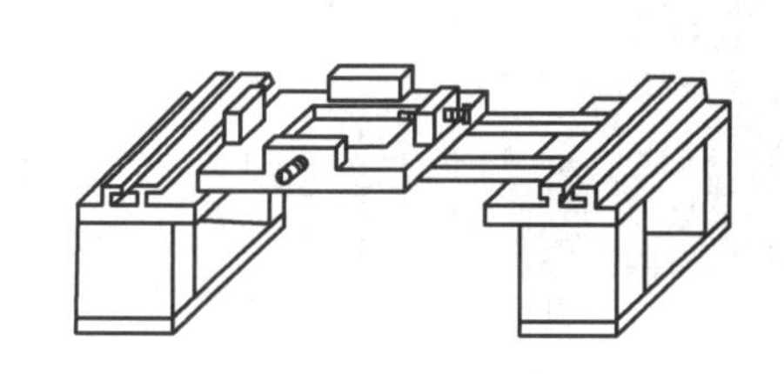

图 2. 35 复式支撑方式

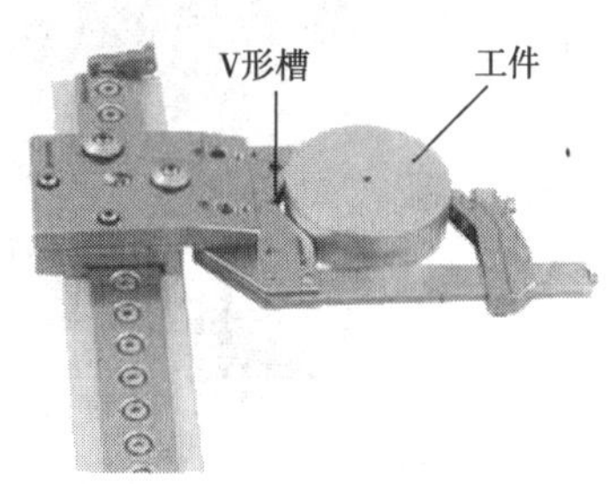

图 2. 36 V 型夹具支撑

八、V 形夹具支撑

如图 2. 36 所示,此种装夹方式适合于圆形工件的装夹。装夹时,工件母线要求与端面垂直。在切割薄壁零件时,要注意装夹力要小,以免工件变形。

九、弱磁力夹具

弱磁力夹具装夹工件迅速简便,通用性强,应用范围广,对于加工成批的工件尤其有效。如图 2. 37 所示。

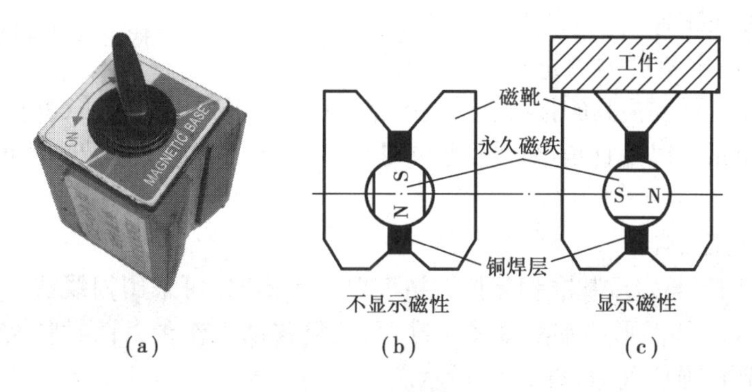

图 2. 37 弱磁力夹具及基本原理图

当永久磁铁的位置如图2.37(b)所示时,磁力线经过磁靴左右两部分闭合,对外不显示磁性。再把永久磁铁旋转90°,如图2.37(c)所示,此时,磁力线被磁靴的铜焊层隔开,没有闭合的通道,对外显示磁性。工件被固定在夹具上时,工件和磁靴组成闭合回路,于是工件被夹紧。加工完毕后,将永久磁铁再旋转90°,夹具对外不显示磁性,可将工件取下。

课题三 找正工件

在工件安装到机床工作台上后,还应对工件进行平行度校正。根据实际需要,平行度校正可在水平、左右、前后三个方向进行。一般为工件的侧面与机床运动的坐标轴平行。工件位置校正的方法有以下几种:

一、靠定法找正工件

利用通用或专用夹具纵横方向的基准面,先将夹具找正。于是具有相同加工基准面的工件可以直接靠定,尤其适用于多件加工,如图2.38所示。

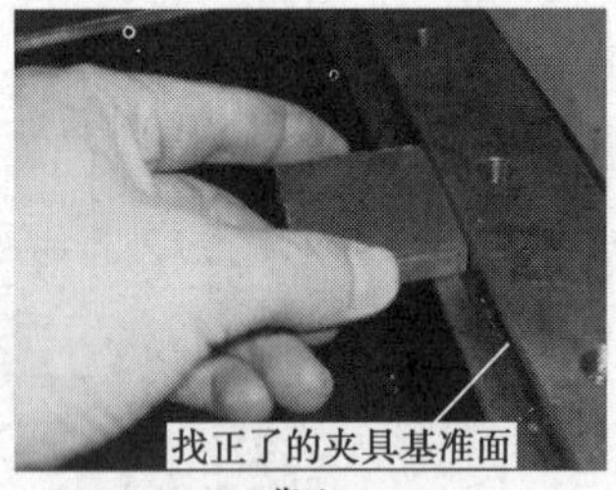

靠上

固定

图2.38 靠定法

二、电极丝法找正工件

在要求不高时,可利用电极丝进行工件找正。将电极丝靠近工件,然后移动一个拖板,使电极丝沿着工件某侧边移动,观察电极丝与工件侧边的距离,如果距离发生了变化,说明工件不正,需要调整;如果距离保持不变,说明这个侧边与移动的轴向已平行。

图2.39 电极丝法

三、量块法找正工件

用一个具有确定角度的测量块,靠在工件和夹具上,观察量块跟工件和夹具的接触缝,这种检测工件是否找正的方法,称量块法。根据实际需要,量块的测量角可以是直角(90°),也可以是其他角度。使用这种方法前,必须保证夹具是找正的。

四、划针法找正工件

工件的切割图形与定位基准相互位置精度要求不高时,可采用划线法。把划针固定在丝架上,划针尖指向工件图形的基准线或基准面,往复移动工作台,目测划针、基准间的偏离情况,将工件调整到正确位置,如图2.41所示。

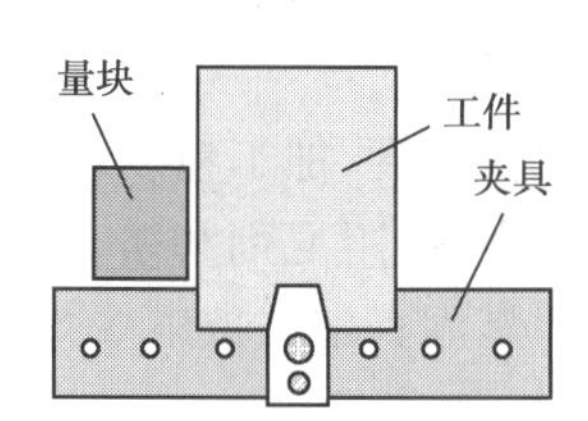

图 2.40　量块法

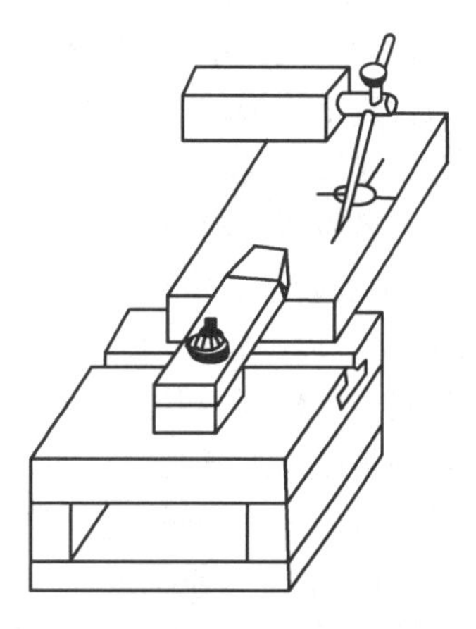

图 2.41　划线法

五、百分表法(拉表法)找正工件

百分表是机械加工中应用非常广泛的一种计量仪表。百分表法是利用磁力表座,将百分表固定在丝架或者其他固定位置上,百分表头与工件基面进行接触,往复移动 X 或 Y 坐标工作台,按百分表指示数值调整工件。必要时校正可在三个方向进行,如图 2.42 所示。

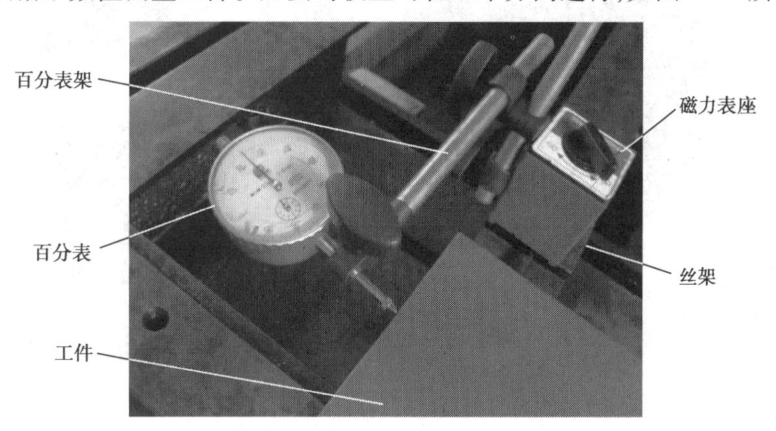

图 2.42　百分表法

任务四　认识工作液及其循环系统

课题一　工作液循环系统

一、工作液的作用

工作液起绝缘、排屑、冷却等作用。脉冲放电的时候,空气被击穿导电,产生高温;脉冲间歇时,工作液进入放电间隙,使工件与电极丝之间迅速恢复至绝缘状态,使电弧熄灭,否则脉冲放电就会转变为持续的电弧放电,影响加工质量甚至烧断电极丝。在加工过程中,工作液顺着电极丝高速地流动,能把加工过程中产生的金属颗粒迅速地从电极之间冲走,使加工顺利进行。工作液还可冷却受热的电极丝和工件,防止工件变形。

线切割加工间隙小,工作液的通道只有靠强迫喷入和电极丝带入来供给。电极丝和工件之间如果没有工作液就很难加工,即使有放电,结果不是短路就是产生连续电弧,导致无法正常加工。工作液在正常供应的情况下,电力击穿要快,放电后形成的颗粒越小越好。工作液要有捕捉这些微粒子的能力,使其变成一种融合物将其及时带走,确保脉冲间隔期间消电离、恢复绝缘,否则会破坏正常加工。

工作液的好坏将直接影响加工的顺利进行,对切割速度、表面粗糙度、加工精度均有不可忽视的影响。工作液一般是由基础油、清洗剂、爆炸剂、防锈剂、光亮剂、阻尼剂和络合剂等组成。基础油是用来形成绝缘层的,必须是消电离快的物质;爆炸剂是用来增强放电爆炸力的。这种爆炸剂对大厚度和超厚度切割尤其是不可缺少的。

二、工作液循环系统构成

工作液循环系统由工作液、工作液箱、工作液泵和循环导管等组成,实物如图 2. 43 所示,结构示意图如图 2. 44 所示。

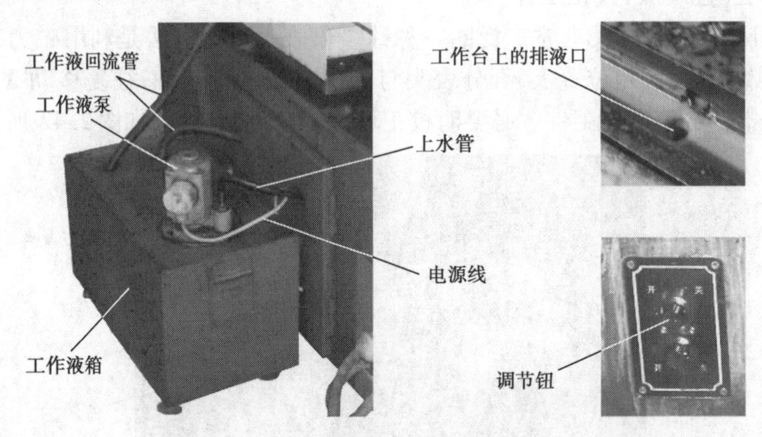

图 2. 43　工作液循环系统

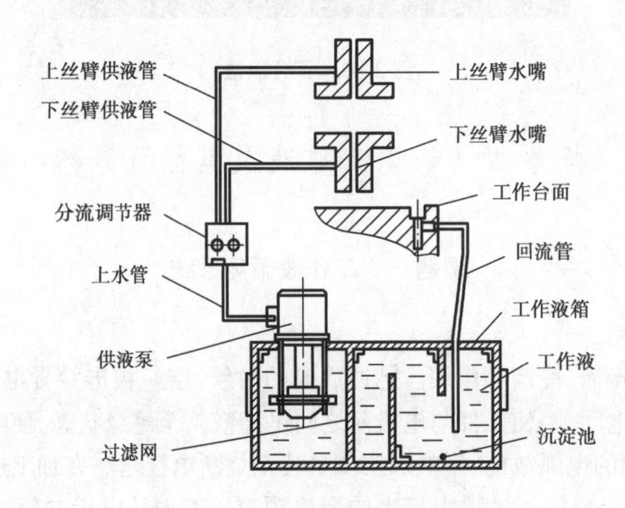

图 2. 44　工作液循环系统示意图

工作液水泵将工作液经过滤网吸入，通过上水管，分送到上下丝臂供液管。用分流调节器上的调节钮，来控制供液量的大小。加工后的废液，经工作台的排液口，靠工作液的自重流至工作液箱。工作液在箱内经过沉淀、过滤再流入水泵箱。箱中的过滤网经过一段时间后需要更换。

课题二　工作液的配制及使用

一、工作液的种类及配制

在电火花线切割加工中，可使用的工作液种类很多，有煤油、乳化液、去离子水、蒸馏水、洗涤剂、酒精溶液等，它们对工艺指标的影响各不相同，特别是对切割速度的影响较大。

采用高速走丝、矩形脉冲电源时，实验结果表明：

①自来水、蒸馏水、去离子水等水类工作液对放电间隙的冷却效果较好，特别是在工件较厚的情况下，冷却效果更好。然而采用水类工作液时，切割速度低，易断丝。这是因为水的冷却能力强，电极丝在冷热变化频繁时，容易变脆，导致断丝。此外，水类工作液洗涤性能差，不利于放电产物的排出，放电间隙状态差，故表面易脏，切割速度低。

②煤油工作液切割速度低，但不易断丝。因为煤油介电强度高，间隙消耗放电能量多，分配到两极的能量少；同时，相同电压下放电间隙小，排屑困难，导致切割速度低。但煤油受冷热变化影响小，且润滑性能好，电极丝运动磨损小，因此不易断丝。

③水中加入少量洗涤剂、皂片等，切割速度就能成倍增长。这是因为水中加入洗涤剂和皂片后，工作液洗涤性能变好，有利于排屑，改善了间隙状态。

④乳化型工作液比非乳化型工作液的切割速度高。因为乳化液的节电强度比水高，比煤油低，冷却能力比水弱，比煤油好，洗涤性比水和煤油都好，故切割速度高。

将自来水按一定比例倒入乳化液，搅拌后使工作液充分乳化成均匀乳白色即可。天冷时（0 ℃以下），可先将少量开水倒入拌匀，再加冷水搅拌。某些工作液要求用蒸馏水配制，要注意生产厂家说明。

乳化液的质量百分比一般在5% ~20%。在称量不方便或要求不严时，也可按大致体积比配制。若切割速度高或工件厚度大，浓度可适当小些，一般在5% ~8%，这样便于冲下电蚀产物，加工比较稳定，且不易断丝。对加工表面粗糙度和精度要求比较高的工件，工作液用蒸馏水配制，浓度稍大些，一般在10% ~20%，这样可使加工表面洁白均匀。

二、工作液的使用

工艺条件相同时，改变工作液的种类或浓度，就会对加工效果产生较大影响。工作液的脏污程度对工艺指标也有较大影响。工作液太脏，会降低加工的工艺指标。纯净的工作液也并非效果最好，往往经过一段时间的放电切割加工之后，脏污程度还不大的工作液可得到较好的加工效果。纯净的工作液不易形成放电通道，经过一段放电加工后，工作液中存在一些悬浮的放电产物，这时容易形成放电通道，加工效果最好。但工作液太脏，悬浮的加工屑太多，间隙消电离变差，且容易发生二次放电，对放电加工不利，这时应及时更换工作液。新配制的工作液，如果加工电流约为2 A，切割速度约为40 mm^2/min，每天工作8 h，那么使用约两天后效果最好，继续使用8 ~10天后效果变差，且易断丝，需更换新的工作液。加工时供液一定要充分，并且工作液要包住电极丝，这样才能使工作液顺利进入加工区，达到稳定加工的效果。

任务五　校丝与对丝操作

课题一　校　丝

一、认识U轴和V轴

U轴和V轴位于上丝臂前端,轴上连接有小型步进电机和手动调节钮,如图2.45所示。U轴和V轴能控制小拖板移动,从而控制电极丝上端的位移。在校丝时,可以通过手动调节钮来调节电极丝的垂直度;自动加工时,通过数控系统驱动步进电机,使电极丝向某个方向倾斜,从而加工出带锥度或斜面的零件。

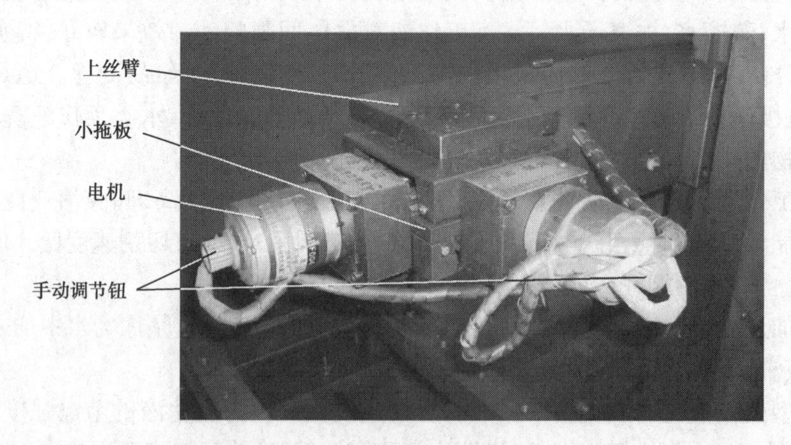

图2.45　U轴和V轴的小拖板

二、校垂直

加工前必须校正电极丝垂直度,即找正电极丝。校正电极丝垂直度的方法是:

①保证工作台面和找正器各面干净无损坏。

②将找正器底面靠实工作台面。

③调小脉冲电源的电压和电流(使后面步骤中电极丝与工件接近时只产生微弱的放电),启动走丝,打开高频。

④在手动方式下,移动*X*轴和*Y*轴拖板,使电极丝接近找正器。当它们之间的间隙足够小时,会产生放电火花。

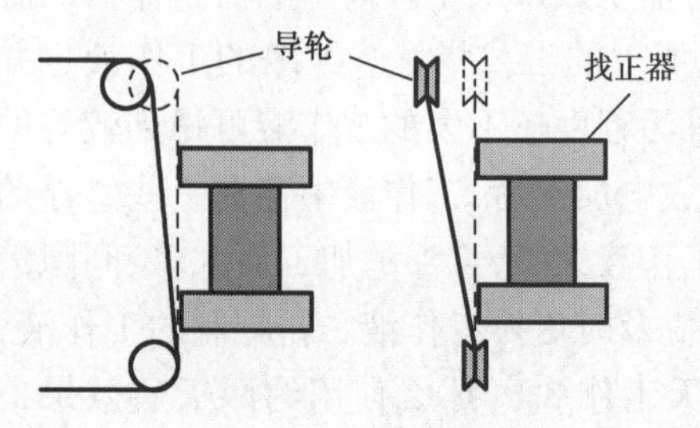

图2.46　电极丝垂直校正

⑤手动调节上丝臂小拖板上的调节钮,移动小拖板,当找正器上下放电火花均匀一致时,电极丝即找正。上丝臂手动调节钮如图2.45所示。

⑥校正应分别在*X*、*Y*两个方向进行,如图2.46所示。重复2~3次,以减少垂直误差。

如果使用电子找正器,操作方法相似,但不能开高频,不需要放电。把电子找正器固定在基准水平面上,手动移动工作台,配合调节上丝臂小拖板调节钮,使电极丝能同时接触电子找正器的上、下测量头，电子找正器的上下指示灯同时点亮。再换一个方向操作，并重复几次。如果在两个方向都能使上下指示灯同时点亮，就说明电极丝已垂直。图2.47所示为两种找正器示意图。

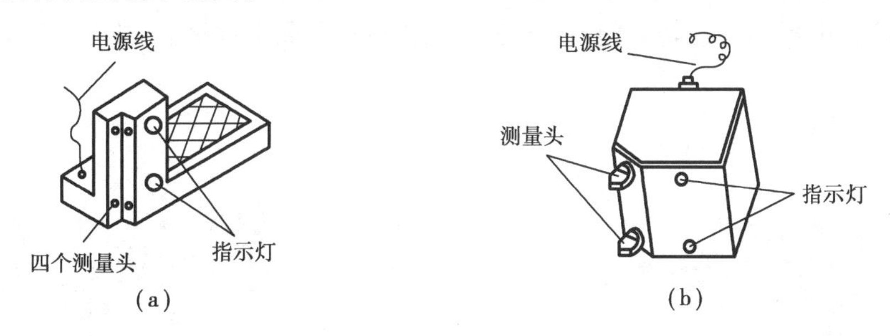

图2.47　电子找正器

课题二　对　丝

装夹好了工件，穿好了电极丝，在加工零件前，像数控车床要对刀一样，线切割还必须进行对丝。对丝的目的，就是确定电极丝与工件的相对位置，最终把电极丝放到加工起点上，这个点称为起丝点。对丝操作时，可以给电极丝加上比实际加工时大30%～50%的张力，并且在启动走丝的情况下进行操作。

一、对边

对边也称找边，就是让电极丝刚好停靠在工件的一个边上，如图2.48所示。找边操作既可以手动，也可以利用控制器自动找边功能找边。

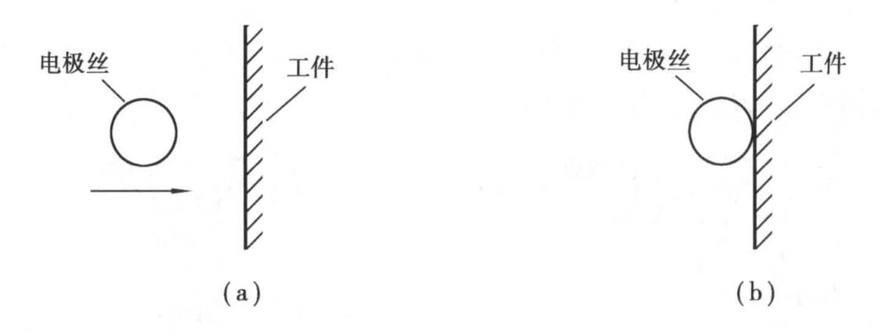

图2.48　找边

1. 手动找边操作

将脉冲电源电压调到最小挡，电流调小，使电极丝与工件接触时，只产生微弱的放电。开启走丝，打开高频。根据找边的方向，摇动相应手轮，使电极丝靠近工件端面，即靠近要找的边。电极丝离工件远时，可摇快一些，快接近时要减速慢慢靠拢，直到刚好产生电火花，停止摇动手轮，找边结束。注意这时候电极丝的“中心”与工件的“边线”差一个电极丝半径的距离。

手动找边是利用电极丝接触工件产生电火花来进行判断的。这种方法存在两个弱点，一是手工操作存在许多人为因素，误差较大，二是电火花会烧伤工件端面。克服这些缺点的办法就是采用自动找边。

2. 自动找边操作

自动找边是利用电极丝与工件接触短路的检测功能进行判断。

第一步，开启走丝，但保持高频为关闭状态，如图 2.49 所示。

第二步，摇动手轮，使电极丝接近工件，留 2 ~3 mm 的距离。

第三步，操作数控系统，进入自动对边对中菜单，对中对边按钮如图 2.50 所示。其中上、下、左、右指控制电极丝的移动方向，操作中应根据实际情况来选择。"中心"按钮是对中心用的，后面会提到。

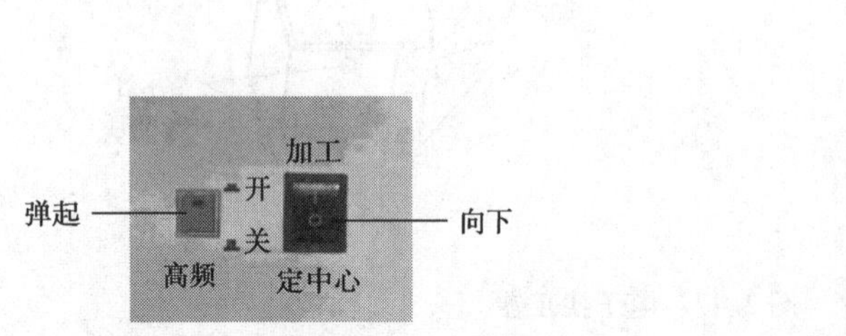

图 2.49　高频开关

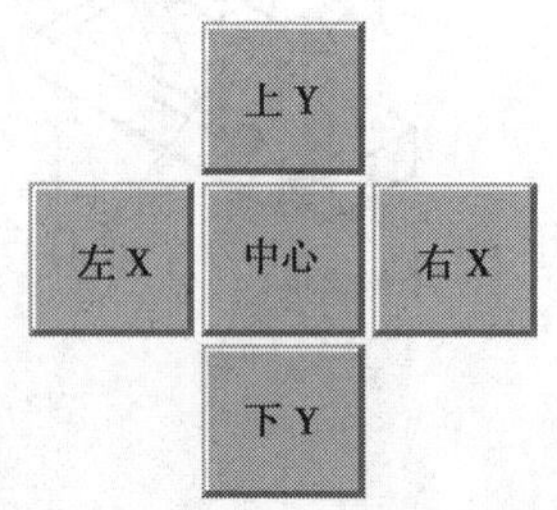

图 2.50　自动找边按钮

点击相应的对边按钮，拖板自动移动，电极丝向工件端面慢慢靠拢。电极丝接触工件后，自动回退，减速，再靠拢；再次接触工件后，自动回退一个放电间隙的距离，然后停下，完成找边。如果发现电极丝离工件端面越来越远，说明对边按钮选择错了，需停下来，重新操作相反方向的按钮即可。

通过找边操作，就能确定电极丝与工件一个端面的位置关系，如果在 X、Y 两个方向进行找边操作，就能确定电极丝与工件的位置关系，也就能把电极丝移到起丝点，从而完成对丝。下面举例说明对丝的操作。

二、起丝点在端面的对丝

假设起丝点在工件的端面，如图 2.51(a) 所示。注意，起丝点与另一边的距离为 15 mm，下面重点就是看这个"15 mm"是如何保证的？

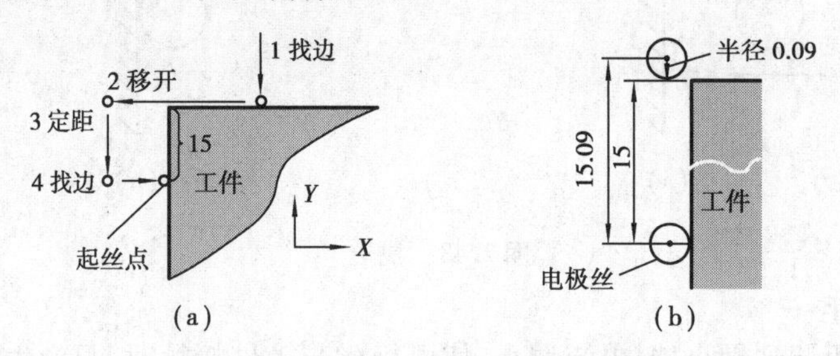

图 2.51　起丝点在工件端面的对丝

第一步，在上方找边。找到边后，松开 Y 轴手轮上的锁紧螺钉，保持手轮手柄不动，转动刻度盘，使刻线 0 对准基线，锁紧刻度盘，这时刻度盘就从 0 刻度值开始计数。这步操作称为对零。这与普通车床对刀时的对零类似。

第二步，摇动 X 轴手轮使电极丝离开工件。

第三步，摇动 Y 轴手轮。这一步要使电极丝位置满足"15 mm"的距离要求。这里必须考虑电极丝的半径补偿。电极丝半径，可用千分尺测量其直径得到。假设电极丝半径为 0.09 mm，那么实际要摇 15.09 mm，即多摇一个电极丝半径的距离，如图 2.51(b) 所示。

提示：手轮摇一小格是 1 丝，一圈是 4 mm(400 丝)。可以算出，Y 轴手轮应往起丝点方向摇3圈(12 mm)加309(3.09 mm)小格,就达到距离要求。

第四步,用X轴拖板,向起丝点找边定位,就到达起丝点,完成对丝操作。

提示:数控线切割机床,也可以通过电脑显示屏的坐标来控制移动的距离。

三、对中(定中心)

对于有穿丝孔的工件,常把起丝点设在圆孔的圆心,穿丝加工时,必须把丝移到圆心处,这就是定中心。

定中心是通过四次找边操作来完成的,如图2.52所示。

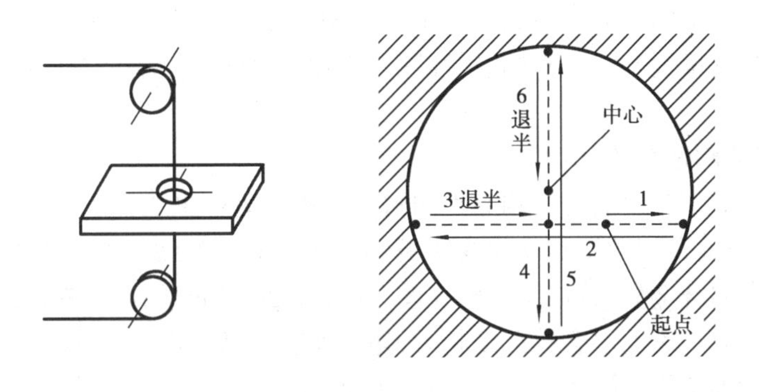

图2.52　定中心

手动操作时,首先让电极丝在X轴(或Y轴)方向与孔壁接触,找第一个边,记下手轮刻度值,然后返回,向相反的对面孔壁接触,找到第二个边,观察手轮刻度值,计算距离,再返回到两壁距离一半的位置,接着在另一轴的方向进行上述过程,电极丝就到达孔的中心。可以把上述过程总结为"左右碰壁回一半,前后碰壁退一半"。

定中心通常使用数控系统"自动定中心"功能来完成。与自动找边类似,关闭高频,启动走丝,把"加工/定中心"开关置于"定中心"位置(图2.49)。点击菜单的"中心"按钮(图2.50),开始自动找中心。拖板的运动过程与手动操作是一样的,只不过找边后,它自动反向,自动计算,自动回退一半的距离。找到中心后自动结束。

完成了对丝,电极丝也就位于起丝点上,如果其他工作也准备就绪,调好加工参数,打开走丝和工作液,就可以启动加工了。

任务六　线切割加工工艺

课题一　切割速度及其影响因素

电火花线切割加工的切割速度,是用来反映加工效率的一项重要指标,也就是通常所说的加工快慢,它是电极丝沿图形加工轨迹的进给速度乘以工件厚度,也就是电极丝单位时间内在工件上扫过的面积。以下是对切割速度有重要影响的几个因素:

一、脉冲电源对切割速度的影响

①增大脉冲电源的峰值电流,有利于提高切割速度。

②切割速度大致与平均加工电流成正比,因此,增大脉冲电源的平均加工电流,有利于提

高切割速度。

③脉冲电流上升速度越快，也就是脉冲电流上升时间越小，切割速度越高。

④提高脉冲电源的空载电压，可增大放电间隙，有利于冷却和排屑，切割速度相应提高。但是过高的电压会使加工间隙过大，切割速度反而下降。因此空载电压也不宜太高。

⑤脉冲间隔对切割速度的影响。减小脉冲间隔，相当于减少了“休息”时间，增加了单位时间的放电次数，切割速度相应提高。但过小的脉冲间隔，加工间隙的绝缘强度来不及恢复，会破坏加工的稳定性。

⑥脉宽对切割速度的影响。在其他加工条件相同的情况下，切割速度是随脉冲宽度的增加而增加。但是当它增大到一定范围后，蚀除量增加，排屑条件变差，造成加工不稳，也影响切割速度。

二、电极丝对切割速度的影响

①电极丝材料对切割速度的影响。不同材质的电极丝，切割速度有很大差别。在高速走丝线切割工艺中，目前普遍使用钼丝作为电极丝。在低速走丝线切割工艺中，一般都使用铜、铁金属丝和各种专用合金丝，或镀层的电极丝。线切割加工的电极丝，其切割速度主要决定于电极丝表面层的状态。表面层含锌浓度越大，切割速度越高；含锰浓度越低，切割速度越高。

②电极丝直径对切割速度的影响。目前，电火花线切割加工中，电极丝直径一般在0. 03 ~0. 35 mm之间。电极丝直径越粗，切割速度越快，而且还有利于厚工件的加工。但是电极丝直径的增加，要受到工艺要求的约束。另外，增大加工电流，加工表面的粗糙度会变差，所以电极丝的直径大小，要根据工件厚度、材料和加工要求而定。

③电极丝张力对切割速度的影响。电极丝张力越大，切割速度越高。这是由于电极丝拉得紧时，电极丝振动的幅度变小，加工的切缝变窄，也不易产生短路，节省了放电的能量损失，进给速度加快。但是过大的张力，容易引起断丝，影响加工。

④电极丝的走丝速度对切割速度的影响。提高电极丝的走丝速度，有利于工作液进入狭窄的加工间隙，有利于电极丝的冷却，有利于将放电间隙中的电蚀产物带到间隙外，所以有利于提高切割速度。

⑤电极丝振动对切割速度的影响。在加工中电极丝的微小振动可提高切割速度。振幅太大或无规则的不等振幅的振动，容易引起与工件之间的短路，造成切割速度下降或产生断丝，所以要尽量减少机床和走丝系统的振动，以提高切割速度和精度。

三、工作液对切割速度的影响

①不同工作液对切割速度的影响。在高速走丝线切割加工中，不同的乳化液有不同的切割速度，乳化液中的乳化剂对切割速度的影响很大。在低速走丝线切割加工中，目前普遍使用去离子水。为了提高切割速度，在加工中，有时加进有利于提高切割速度的导电液。减少工作液的电导率，切割速度将会增加，这是因为电阻率低，放电间隙增大，加工稳定。

②工作液压力对切割速度的影响。提供适当的工作液压力，可以有效地排除加工屑，同时可以增强对电极丝的冷却效果，有利于切割速度的提高。

四、工件对切割速度的影响

①工件材质对切割速度的影响。不同材质的工件，切割速度有很大差别。切割铝合金的速度比较高，而切割硬质合金、石墨和聚晶等材料的速度就比较低。

②工件厚度对切割速度的影响。工件越厚,排屑条件越差,切割速度降低。

课题二　电参数对加工的影响

一、电参量对加工工艺指标的影响

脉冲电源的波形和参数对材料的电腐蚀过程影响极大,它们决定着加工效率、表面粗糙度、切缝宽度和钼丝的损耗率,进而影响加工的工艺指标。

一般情况下,电火花线切割加工脉冲电源的单个脉冲放电能量较小,除受工件加工表面粗糙度要求限制外,还受电极丝允许承载放电电流的限制。欲获得较好的表面粗糙度,每次脉冲放电的能量不能太大。表面粗糙度要求不高时,单个放电脉冲能量可以取大些,以便得到较高的切割速度。

在实际应用中,脉冲宽度为 1 ~60 μs,而脉冲重复频率为$(10\sim100)\times10^3$ 个/s 脉冲,有时也可以在这个范围之外。脉冲宽度窄、重复频率高,有利于改善表面粗糙度,提高切割速度。

二、短路峰值电流对工艺指标的影响

增加短路峰值电流,将使切割速度提高,但表面粗糙度变差,电极丝损耗变大,加工精度有所降低。

三、脉冲宽度对工艺指标的影响

增加脉冲宽度,切割速度提高,但表面粗糙度下降,同时随着脉冲宽度的增加,电极丝损耗变大。

通常,在电火花线切割的精加工和中加工时,单个脉冲放电能量应限制在一定的范围内。当短路峰值电流选定后,脉冲宽度要根据具体的加工要求而定。精加工时,脉冲宽度可在 20 μs内选择;中加工时,可在 20 ~60 μs 内选择。

四、脉冲间隔对工艺指标的影响

脉冲间隔对切割速度影响较大,对表面粗糙度的影响较小。因为在单个脉冲放电能量确定的情况下,脉冲间隔变小,脉冲频率增大,即单位时间放电加工的次数增多,平均加工电流增大,故切割速度提高。

实际上,脉冲间隔不能太小,它受间隙绝缘恢复速度的限制。如果脉冲间隔太小,放电产物来不及排出,放电间隙来不及充分消电离,将使加工变得不稳定,容易烧伤工件或断丝。但是脉冲间隔不能太大,否则会使切割速度明显下降,严重时不能连续进给,使加工变得不稳定。

一般脉冲间隔在 10 ~250 μs 范围内,基本上能适应各种加工条件,进行稳定加工。

选择脉冲间隔和脉冲宽度,与工件厚度有很大关系。一般来说,工件越厚,脉冲间隙就越大,以保持工件的稳定性。

五、开路电压对工艺指标的影响

随着开路电压峰值的提高,加工电流增大,切割速度提高,表面粗糙度下降。这是因为电压提高将使加工间隙变大,所以加工精度略有下降,但加工间隙大,有利于放电产物的排出和消电离,提高了加工的稳定性和脉冲利用率。

采用乳化液介质和高速走丝方式时,开路电压峰值一般在 60 ~150 V 的范围内,个别的用到 300 V 左右。

课题三　电极丝对加工的影响

一、常用的电极丝

高速走丝机床的电极丝，主要有钼丝、钨丝和钨钼丝。常用的钼丝直径为 0.10 ~ 0.18 mm，当需要切割较小的圆弧或缝槽时也用更小直径的钼丝。钨丝的优点是耐腐蚀，抗拉强度高；缺点是脆而不耐弯曲，且价格昂贵，仅在特殊情况下使用。

二、电极丝直径对切割速度的影响

电极丝直径对切割速度影响较大。若电极丝直径过小，则承受电流小，切缝也窄，不利于排屑和稳定加工，切割速度低。加大电极丝的直径，有利于提高切割速度，但也不能太大，电极丝的直径增大，会造成切缝增大，切缝增大电蚀量就增大，切割效率降低，又影响了切割速度的提高。

三、电极丝的松紧对切割速度的影响

如果上丝过紧，电极丝超过弹性变形的范围，由于频繁地往复弯曲、摩擦，加上放电时遭受急热、急冷变化的影响，容易发生疲劳而造成断丝。高速走丝时，上丝过紧所造成的断丝，往往发生在换向的瞬间，严重时即使空走也会断丝。

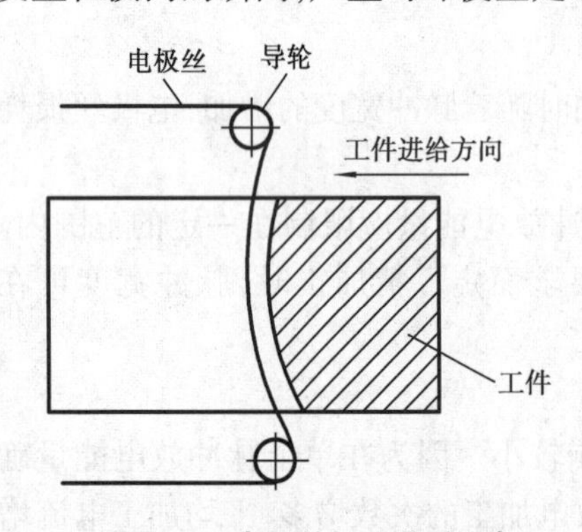

图 2.53　电极丝加工滞后现象

但若上丝过松，会使电极丝在切割过程中，振动幅度增大，同时会产生弯曲变形，结果电极丝切割轨迹落后并偏离工件轮廓，出现加工滞后现象，如图 2.53 所示，从而造成形状与尺寸误差，影响了工件的加工精度。如切割较厚的圆柱体，会出现腰鼓形状，严重时电极丝快速运转，容易跳出导轮槽或限位槽，电极丝被卡断或拉断。所以电极丝的张力，对运行时电极丝的振幅和加工稳定性有很大影响，故而在上电极丝时，应采取张紧电极丝的措施。

四、电极丝垂直度对工艺指标的影响

电极丝运动的位置主要由导轮决定，若导轮有径向跳动和轴向窜动，电极丝就会发生振动，振动幅度决定于导轮跳动或窜动值。假定下导轮是精确的，上导轮在水平方向上有径向跳动，这时切割出的圆柱体工件必然出现圆柱度偏差，如果上下导轮都不精确，两导轮的跳动方向不可能相同，因此，在工件加工部位，各空间位置上的精度均可能降低。

导轮 V 形槽的圆角半径，超过电极丝半径时，将不能保持电极丝的精确位置。两只导轮的轴线不平行，或者两导轮轴线虽平行，但 V 形槽不在同一平面内，导轮的圆角半径会较快地磨损，使电极丝正反向运动时不靠在同一个侧面上，加工表面产生正反向条纹。这就直接影响到加工精度和表面粗糙度。同时由于电极丝的抖动，电极丝与工件间瞬间开路次数增多，脉冲利用率降低，切缝变宽。对于同样长度的切缝，工件的电蚀量增大，切割效率降低。因此，应提高电极丝的位置精度，以提高各项加工工艺指标。

课题四　选择工艺线路

一、认识内应力

平整的工件材料，由于内部应力的作用，被切割开后会产生变形，如图 2.54 所示。

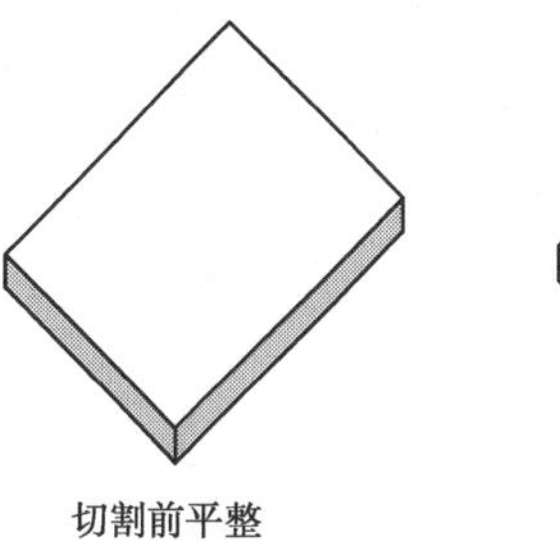

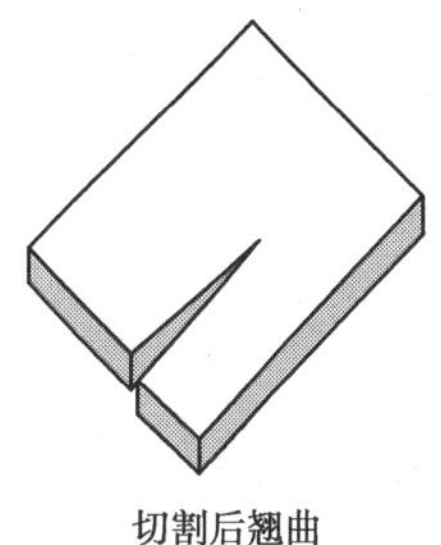

图 2.54　内应力释放变形

二、合理选择切割线路

为了防止内应力变形影响加工质量，必须注意以下几点。

①选择合理的加工线路。如图 2.55 所示，避免从工件端面开始加工，要预钻工艺孔（穿丝孔），从穿丝孔开始加工。

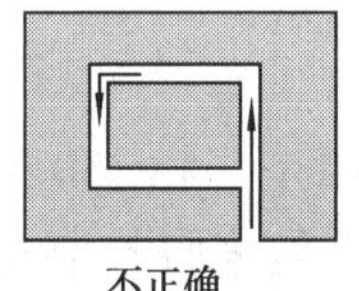

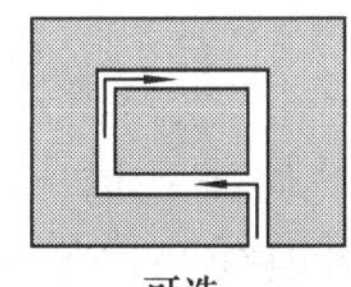

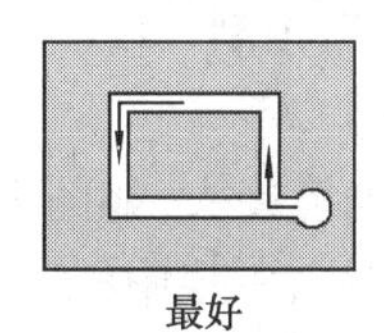

图 2.55　切割线路

②加工的路线距离端面应留充足余量，以保证强度，如图 2.56 所示。

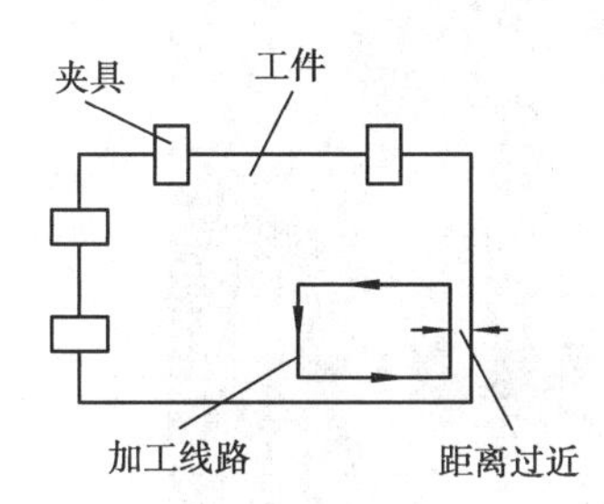

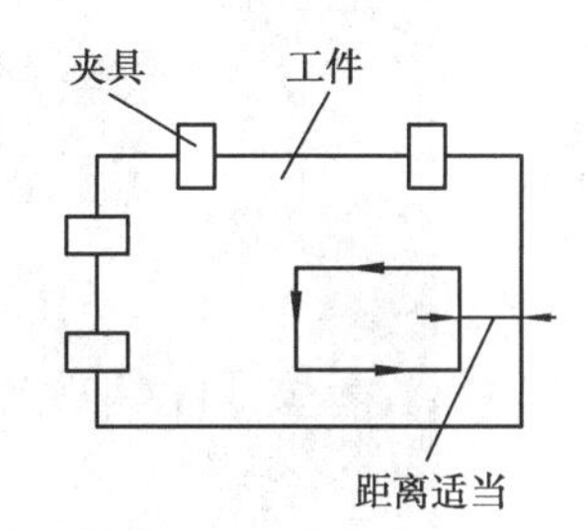

图 2.56　切割线路与端面距离

③为了防止切割缝引起支撑强度的降低，加工路线应先从离开工件夹具的方向走，再转向工件夹具的方向，如图 2.57 所示。

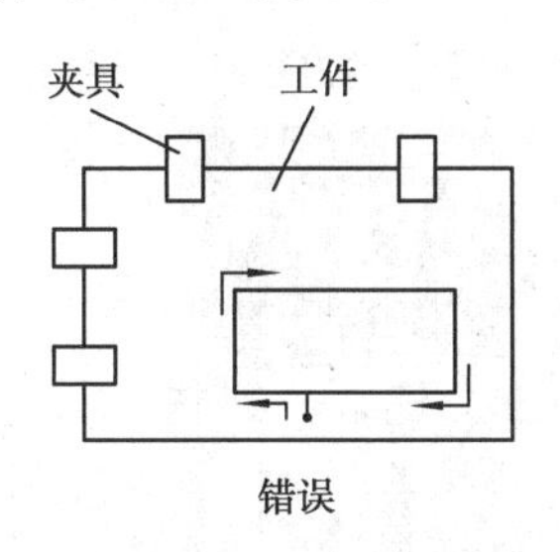

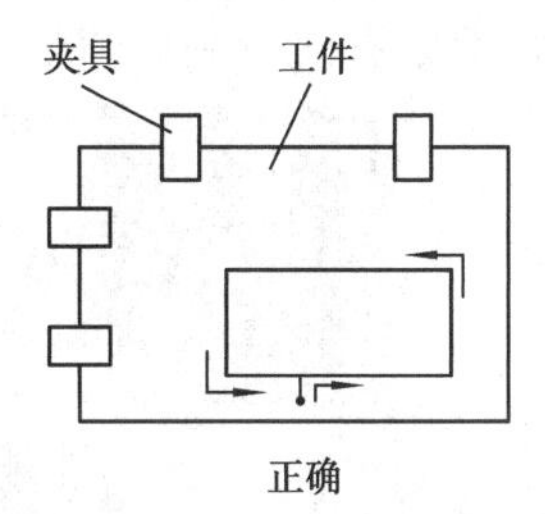

图 2.57　切割方向

④在一块毛坯上要切出 2 个以上零件时，不应连续一次切割出来，而应从不同预钻孔开始加工，如图 2.58 所示。

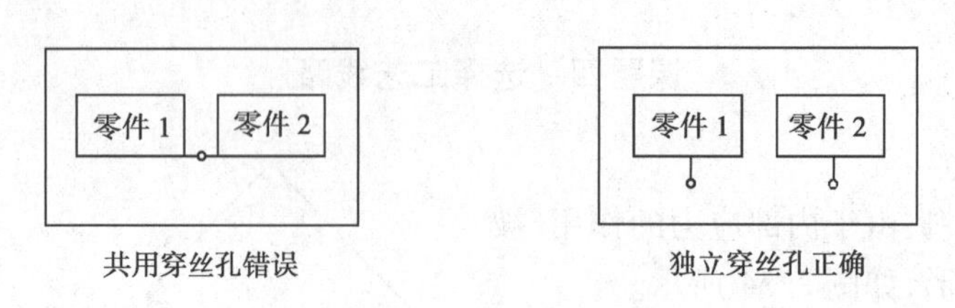

图 2.58　一块毛坯切多个零件

任务七　电气控制系统

课题一　电气控制开关

一、线切割机床电气控制

1. 线切割机床电源

线切割机床电源电缆接头,如图 2.59 所示。机床电源是三相 380 V 的动力电源,通常采用三相五线制(三根相线,一根中线,一根地线);高频输入是来自控制柜的脉冲电源,其中还包含有检测控制线;步进电机输入是来自控制柜的功放输出,是工作台拖板步进电机电源。

图 2.59　线切割机床电源

2. 走丝与工作液控制开关

电气控制按钮,主要有储丝筒电机启停按钮、工作液启停按钮等,如图 2.60 所示。

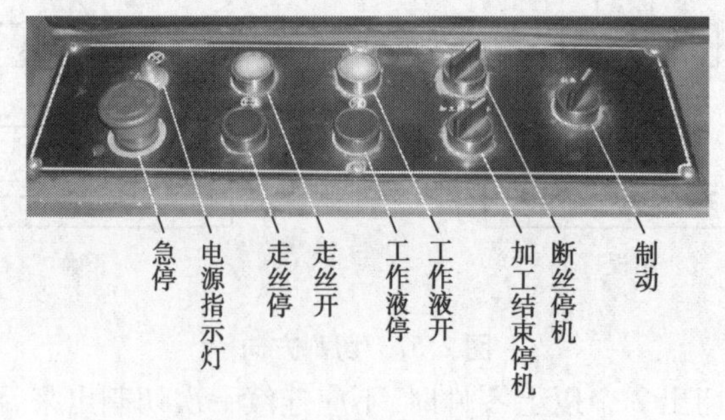

图 2.60　线切割机床走丝与工作液控制开关

急停:在紧急情况下,按下急停钮,所有机床动作停止;解除险情后,顺时针旋转急停钮,恢复正常状态。

电源指示灯:指示灯亮,表示机床已通电。

走丝开:按一下,走丝电机通电旋转,储丝筒旋转,开始走丝。

走丝关:按一下,走丝电机断电,走丝停止。

工作液开:按一下,工作液泵通电,工作液开始循环。

工作液关:按一下,工作液泵断电,工作液停止循环。

加工结束停机:右旋置"开"时,加工结束后工作液和走丝自动停止;左旋置"关"时,加工结束后工作液和走丝不会自动停止,需手动停止。

断丝停机:右旋置"开"时,加工过程中,若电极丝断丝,走丝会自动停止;左旋置"关"时,若电极丝断丝,走丝不会自动停止。

制动:右旋置"开"时,停止走丝,储丝筒会快速制动停下来,一般应置于"开"位。

二、控制柜开关

控制柜主要有两个部分:脉冲电源和功放,其面板如图 2.61 所示。

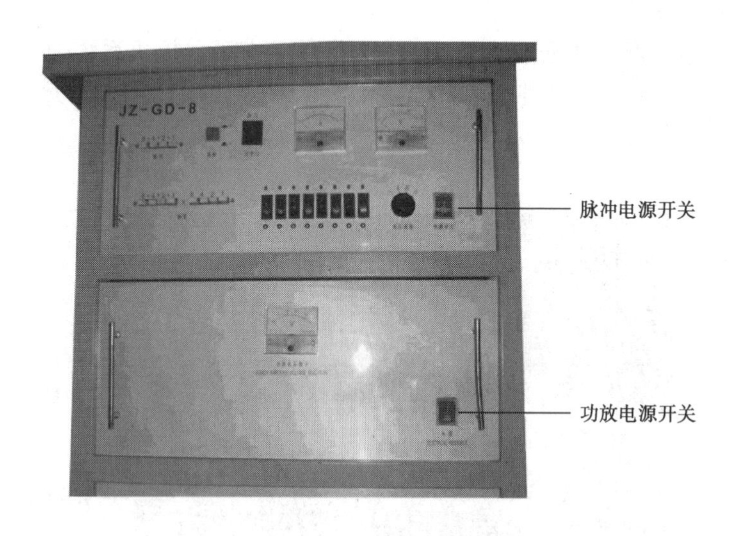

图 2.61　控制柜开关

课题二　电气连接

一、进给与脉冲电源

线切割加工过程中的自动进给,是由控制器控制功放的输出,进而控制工作台拖板的步进电机来实现的。脉冲电源是电火花加工的重要设备,脉冲电源也安装在控制柜里。所以电火花机床与控制柜主要有两组电路连接,一是控制柜的"功放"输出,送到线切割机床步进电机的电源;二是控制柜脉冲电源正、负极输出,分送到线切割机床夹具支架(最终到达工件上)和丝臂导电块(最终送到电极丝上)。相关接线端子,如图 2.59 和图 2.62 所示。

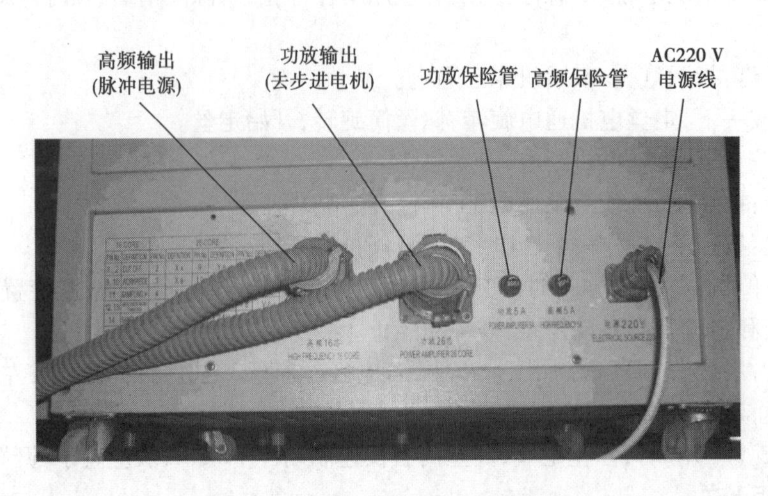

图 2.62 控制柜功放和脉冲电源输出

二、数据线连接

1. 单板机控制系统

控制柜与单板机搭配的数据连接,如图 2.63 所示。由于单板机系统通常不能进行 CAD/CAM 工作,所以另配一台电脑来进行 CAD/CAM 工作,并把电脑中生成的程序代码通过数据线传送到单板机内进行加工。

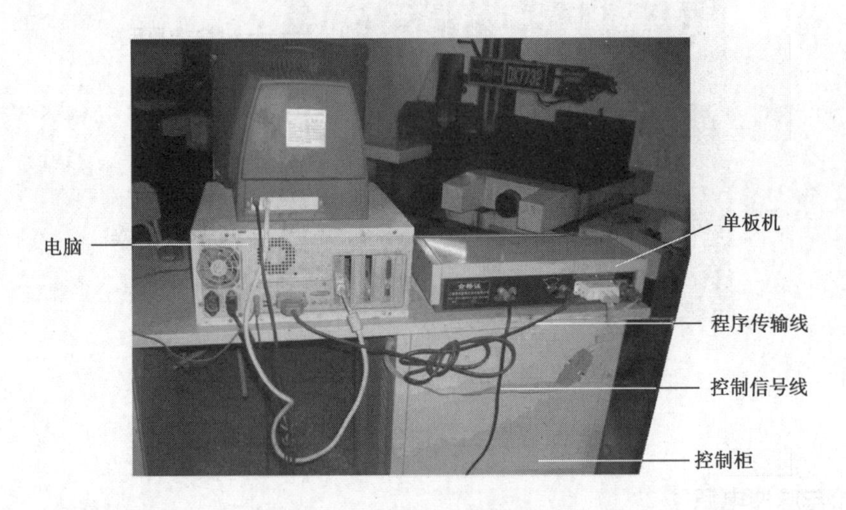

图 2.63 控制柜与单板机相连

2. 电脑台式控制系统

为了能用电脑控制线切割加工,在电脑的主板上安装了一块线切割专用驱动卡,如图2.64所示。线切割卡输出端通过电缆与控制柜相连,如图 2.65 所示。这样在电脑里不但可以完成绘图、自动编程,还可以进行加工控制。

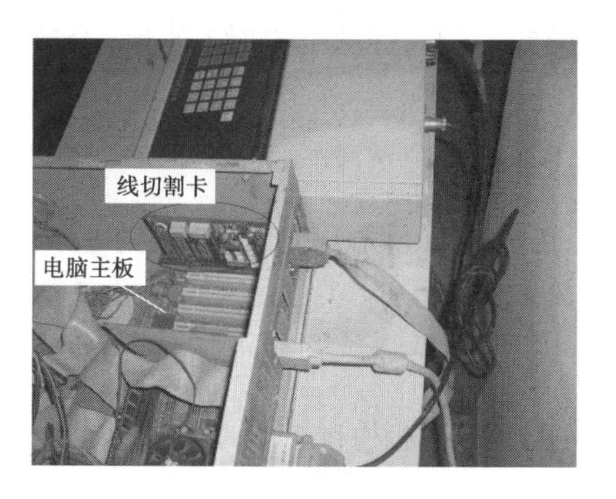

图 2.64　线切割驱动卡

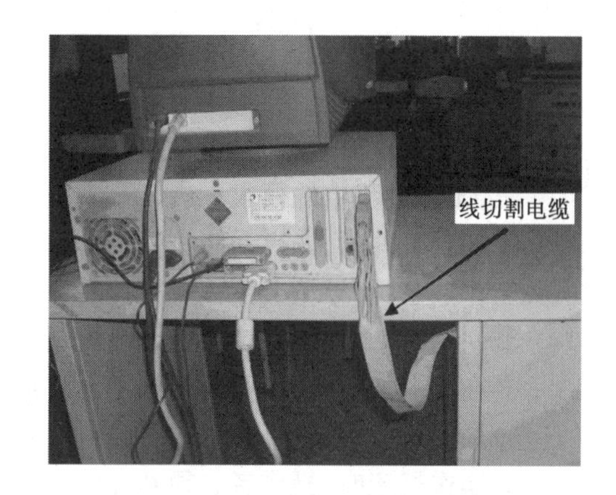

图 2.65　电脑直接与控制柜相连

任务八　安全文明生产

安全和质量,都是企业管理中的头等大事。“安全第一、质量第一”,“安全是职工的生命、质量是企业的生命”,这是我们时常能看到的口号。“安全”狭义地讲,就是人身安全,广义地讲不仅要保障人身安全,由于机床设备和工量具都是贵重物品,所以还要保障机床、工量具等的安全。安全生产重在“防患于未然”。在工作中,必须遵守机床操作规程,把安全文明生产贯穿于工作的始终。只有重视安全文明生产,才能顺利完成生产任务。

一、安全文明操作基本注意事项

①操作者必须熟悉机床的性能与结构,掌握操作方法,决不能盲目操作,不得随便动用设备。

②工作时要穿好工作服,戴好工作帽;不允许戴手套操作机床。

③不要移动或损坏安装在机床上的警告标牌。

④不要在机床周围放置障碍物,要保持通道畅通。

⑤禁止多人同时操作一台机床,以免发生意外事故。某一项工作必须多人共同完成时,要相互配合、协调一致。

⑥要防止触电。不用湿手操作开关和按钮,更不能接触机床电器部分。维修保养机床时要切断电源。

⑦电火花机床附近不能存放易燃、易爆物品,同时要备好灭火器。

二、工作前的准备要求

①开动机床前,要认真检查润滑系统,按润滑规定加足润滑油。

②检查各按键、仪表、手柄及运动部件是否灵活正常。检查工作台纵、横向行程是否灵活。

③认真检查运丝机构。储丝筒拖板往复移动应灵活,行程开关应位于两个行程挡块的中间。行程挡块要调节在需要的范围内。

④检查工作液系统。工作液量要充足,管道畅通无泄漏。定期更换工作液,配制工作液浓度要适当,以提高加工效率及表面质量。

⑤检查高频电源工作是否正常,调整好相关参数。

⑥安装工件要找正、卡紧,保证工件与夹具电气接触良好。检查拖板运动时工件会不会碰着其他部位。

⑦手动上丝后,“摇把”应立即取下,以免甩出伤人。

三、工作过程中的要求

①切割工件时,先启动储丝筒,再启动工作液电机;停机时,必须先关变频,切断高频电源,再关工作液泵,待导轮上工作液甩掉后,关断储丝筒电机。

②切割时,要控制好工作液喷嘴流量,以防飞溅。

③在放电加工时,工作台架内不允许放置任何杂物。

④加工过程中禁止用手或其他导体接触导电块、电极丝、运丝机构和工件。

⑤操作机床时,操作者必须站在绝缘板上。

⑥要保护好工作台面,在装卸工件时,工作台上必须垫上木板或橡胶板,以防工件掉下砸伤工作台。

⑦机床不准超负荷运转,X、Y 轴不准超出限制尺寸。

⑧机床运转中,不得随意离开岗位,要随时观察运行情况,如有异常要及时做出相应处理。

四、工作完成后的要求

①依次关掉机床操作面板上的电源和总电源。

②清理好工量具,堆放好工件。

③清除切屑、擦拭机床,保持机床与环境清洁。

④检查润滑油、冷却液的状态,及时添加或更换。

⑤做好相关记录。

五、线切割机床的保养

只有坚持做好机床的维护保养工作,才能保证机床的良好工作状态,保证加工质量,延长机床寿命。线切割机床的保养主要有以下内容:

1. 定期润滑

线切割机床上的运动部件如机床导轨、丝杠螺母副、传动齿轮、导轮轴承等应对其进行定期润滑,通常使用油枪注入规定的润滑油。如果轴承、滚珠丝杠等是保护套式,可以在使用半年或一年后拆开注油。

2. 定期调整

对于丝杠螺母、导轨等,要根据使用时间、磨损情况、间隙大小等进行调整,对导电块要根据其磨损的沟槽深浅进行调整。

3. 定期更换

线切割机床中的导轮、导轮轴承等容易发生磨损,它们都是容易损坏的部件,磨损后应及时更换,保证运行精度。线切割的工作液太脏会影响切割加工,所以也要定期更换。

4. 定期检查

定期检查机床电源线、行程开关、换向开关等是否安全可靠;另外每天要检查工作液是否足够,管路是否通畅。

任务九　线切割加工

课题一　线切割加工的应用

一、线切割加工工作内容

线切割加工工作中，从加工图纸、材料到生产出零件，包括了很多的工作要做。现将有关内容加以整理，列入表2.1中。

表2.1　线切割加工工作内容

序号	项　目	操作内容
①	材　料	根据图样选择工件材料、加工基准面、执处理、消磁、表面处理（去氧化皮、去锈）
②	基　准	确定工艺基准面、确定工艺基准线、确定线切割加工基准
③	程　序	手工编程、自动编程
④	穿丝孔	确定穿丝孔位置、确定穿丝孔直径、加工穿丝孔
⑤	工件装夹	选择装夹方法、工件找正
⑥	电极丝	选择电极丝、安装电极丝、穿丝、校垂直
⑦	工作液	选择、配制、更换
⑧	加　工	程序传输、对丝、调节脉冲电源参数、进给速度、启动加工、过程监控
⑨	检　验	加工精度（尺寸）检查、表面粗糙度检查、分析

二、线切割加工操作步骤

加工前先准备好工件毛坯、装夹工量具等。若需切割内腔形状工件，或工艺要求用穿丝孔加工的，毛坯应预先打好穿丝孔，然后按以下步骤操作：

①启动机床电源进入系统，准备加工程序。

②检查机床各部分是否有异常，如高频、水泵、储丝筒等的运行情况。

③上丝、穿丝、校垂直。

④装夹工件、找正。

⑤对丝，确立切割起始位置。

⑥启动走丝，开启工作液泵，调节喷嘴流量。

⑦调整加工参数。

⑧运行加工程序开始加工。

⑨监控加工过程，如走丝、放电、工作液循环等是否正常。

⑩检查零件是否符合要求，如出现差错，应及时处理，避免加工零件报废。

三、线切割的脉冲电源面板

脉冲电源是火花放电的重要设备。脉冲电源的性能，对线切割机床的加工效率、加工精度、表面粗糙度都有较大的影响。脉冲电源一般安装在控制柜里,如图 2.66 所示。

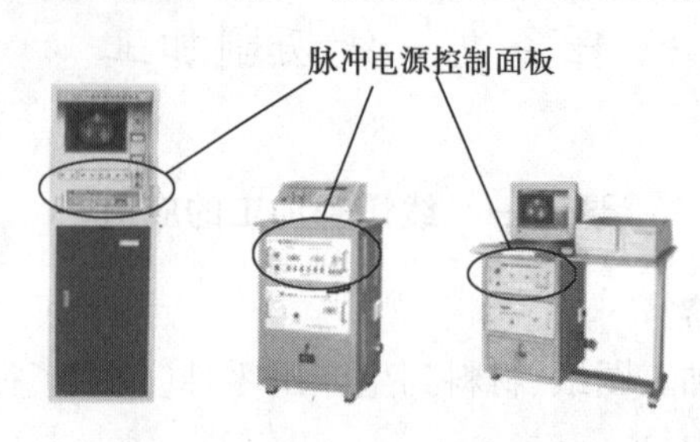

图 2.66　脉冲电源

图 2.67 所示为一种脉冲电源的控制面板。这里作简单介绍:

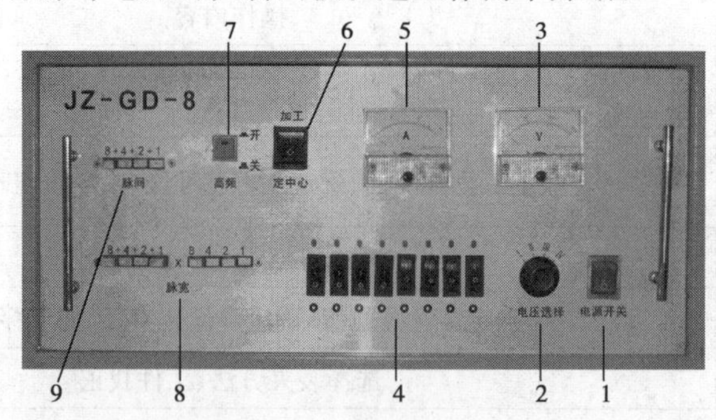

图 2.67　脉冲电源控制面板

1——脉冲电源控制器的电源开关。

2——脉冲电源空载电压选择钮,有 4 挡可调。

3——脉冲电源输出电压表,工作时一般在 90 V 左右。

4——脉冲电源输出电流开关,共 8 个,开得多驱动电流就大。

5——脉冲电源输出电流表,加工时一般不超过 5 A。

6——定中心与加工选择,选“定中心”时,由电脑控制坐标拖板移动,自动对边或对中心。加工时,应打到“加工”位置。

7——高频开关,加工时,打开高频,才能产生电火花。

8——脉宽调节,8 个按钮分两组,各 4 个。读数方法为:前 4 个按钮按下的值相加,再与后面按下的一个按钮的值相乘。

9——脉间调节,共 4 个,读数方法为:按下的按钮对应值相加。

由以上可以看出,脉冲电源控制面板主要调节 4 个参数:脉间、脉宽、电压、电流。在加工过程中,要根据加工质量要求、工件材料及材料厚度等来调整脉冲电源控制面板的开关和旋钮。在工作中,要多积累经验,综合考虑加工精度、表面粗糙度与加工效率的关系,权衡选择参数。

四、加工参数的选择

电火花线切割加工的可调参数主要是脉冲电源参数和进给速度。

1. 脉冲电源参数

脉冲电源参数包括脉冲电源空载电压、脉冲功率管数(脉冲电流)、脉冲宽度、脉冲间隙。

参数的选择要根据工件材料、厚度、加工要求等加工情况而定。

下面简单分析脉冲电源参数对加工的一些影响：

①空载电压升高，有利于放电，切割速度加快，但工件表面质量变差。一般空载电压为60～150 V。

②脉冲宽度增大，放电加强、切割速度加快，但工件表面质量变差。

③脉冲间隙增大，有利于排屑，加工更稳定，但切割速度降低。

④高频电流提高，切割速度加快，但工件的表面粗糙度变差。

由此可见，切割速度随着加工电流峰值、脉冲宽度和开路电压的增大而提高，但是切割速度与表面粗糙度的要求是互相矛盾的两个工艺指标。所以，在提高切割速度时必须兼顾工件的表面粗糙度。

脉冲宽度小，脉冲间隔适当，峰值电压低，峰值电流小时，其表面粗糙度较好。

切割厚工件时，选用高电压、大电流、大脉冲宽度和大的脉冲间隔。大的脉冲间隔可充分消电离，可使工作液容易进入并将电蚀物尽快带走，从而保证加工的稳定性。

2. 进给速度的调整

首先要区分两个概念：进给速度和切割速度。进给速度是拖板移动的速度，切割速度是电极丝对工件的蚀除速度。

进给速度是通过调节“变频”来调节的。在控制器加工界面上方，有调节变频值的“－”、“＋”按钮，如图 2.68 所示。变频数小，进给速度快；变频数大，进给速度慢。当前切割速度，显示在加工界面下方的信息栏里，如图 2.69 所示，其中“效率 mm²/M：143”就是指每分钟切割 143 mm²。

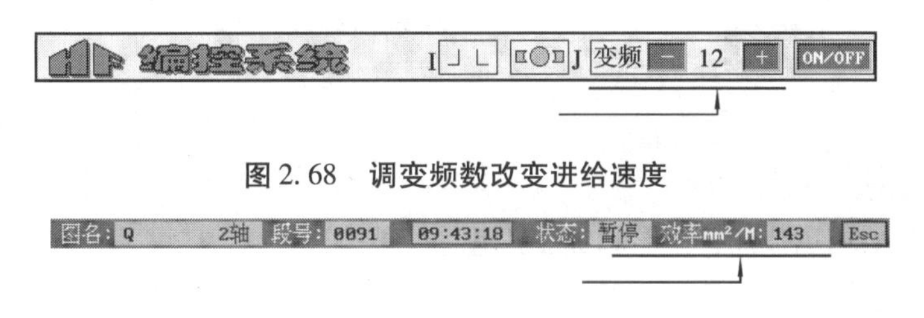

图 2.68　调变频数改变进给速度

图 2.69　加工效率显示

进给速度既不能过快，也不能过慢。进给过快，超过工件的蚀除速度时，会出现短路，使加工中断。进给过慢，不但效率低，而且电极丝在一个地方反复放电，工件加工面就会出现过烧现象，使加工表面发焦呈淡褐色。

当进给速度调得适宜时，加工稳定，切割速度高，加工表面细而亮，丝纹均匀，可获得较好的表面粗糙度和较高的精度。

另外，对走丝速度可调的线切割机床，在加工厚工件且进给速度快时，可提高走丝速度，这有利于排屑和冷却，以保证有效的加工，且不易断丝。

在工作中，要充分利用控制系统上的仪表，屏幕上的各种状态提示，来分析加工状态，实时调节，使之处于较好的加工状态。同时还要在实际工作中多积累经验，以达到比较满意的加工效果。

课题二　HF 线切割软件加工界面

线切割机床加工操作界面随厂家、型号的不同，可能很不相同，但基本的功能是相似的。下面以 HF 线切割软件为例作简要介绍。

HF 线切割软件加工控制主界面如图 2.70 所示。可分为 5 个部分：机床控制、图形显示、坐标显示、加工操作按钮、状态栏。

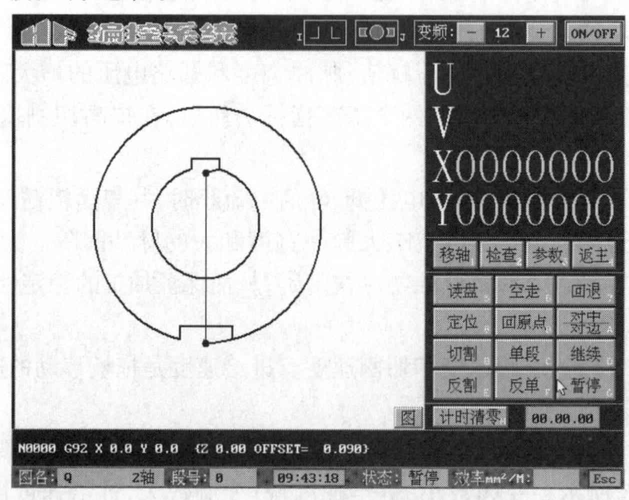

图 2.70　HF 线切割软件加工界面

一、机床控制区

高频开关。步进电机开关。变频调节，可控制进给速度。机床开关。

二、图形显示区

这个区域显示线切割加工图形和加工进度。

三、坐标显示区

显示电极丝当前的坐标，如果是四轴加工还显示 U、V 坐标。

四、加工操作按钮

移轴：在电脑上操作拖板，移动工作台。

检查：包括程序代码查看、图形模拟、加工数据、回零检查。

参数：进行加工参数设置。

返主：返回主菜单。

读盘：读取加工程序，读完后立即在图形区显示加工轨迹。

空走：电极丝沿着加工轨迹，以设定的最高速度空走，不放电。

回退：手动回退。当发现电极丝与工件短路或即将短路时，进行回退，以消除短路现象，恢复正常放电加工。

定位：使程序光标跳到某个位置，以便从该处开始加工。

回原点：使电极丝以设定的最高速度，直线返回到加工原点。操作前必须取下电极丝，以防拉断电极丝。

对中/对边:由控制器自动进行找中找边。

切割:按编程方向切割加工。

反割:按编程相反方向切割加工。

单段:按编程方向切割加工一个程序段。

反单:按编程相反方向切割加工一个程序段。

暂停:暂停加工,进给停止,电火花关闭,走丝不停。

继续:恢复暂停之前的工作。

五、状态栏

状态栏显示当前加工程序段、段号、程序名、效率等。

课题三　加工实例

一、加工的零件

要加工的零件如图 2.71 所示,是一个带槽的圆环。材料用 45 钢。

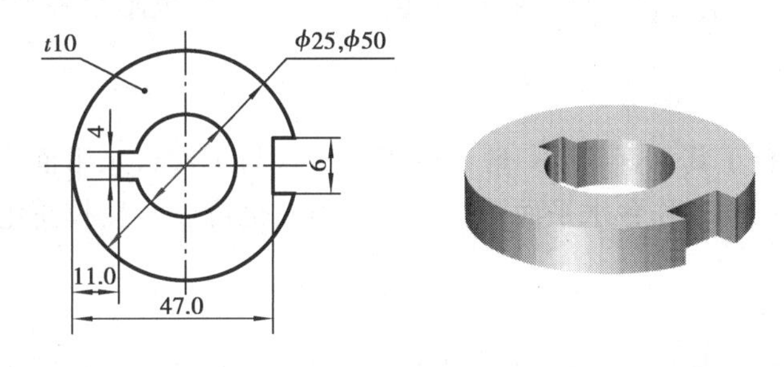

图 2.71　零件图

二、加工步骤

1. 工艺分析和工件毛坯准备

零件内腔圆弧直径为 25 mm,外轮廓圆弧直径为 50 mm,因而可选用长 60 mm、宽 60 mm 的毛坯。为了保证内腔和外形的位置精度,采用一次装夹完成加工。

根据零件形状,确定穿丝孔位置和加工切割线路,如图 2.72 所示。加工顺序是先切割内轮廓,再切割外轮廓。

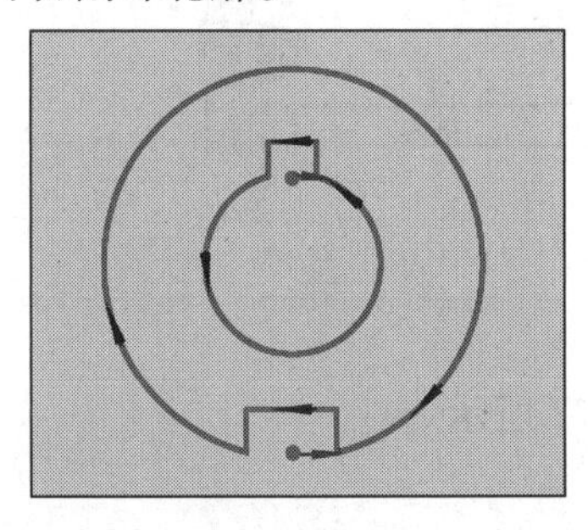

图 2.72　切割线路

图 2.73　预处理的工件

工件毛坯应先在铣床上加工好上、下两个面,保证其厚度尺寸、表面粗糙度、上下面平行度等，如图 2. 73 所示。

预钻穿丝孔。内腔和外轮廓分别加工一个穿丝孔，穿丝孔直径为 3 mm，如图 2. 74 所示。工件毛坯、穿丝孔、零件三者的位置关系如图 2. 75 所示。内腔的穿丝孔没有设在圆心处，而是设定在靠近边缘的地方，这样可以减小进给距离。

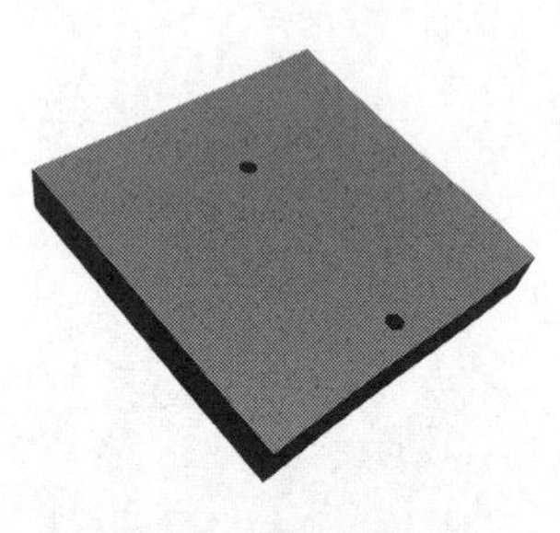

图 2. 74　加工穿丝孔

图 2. 75　位置关系

2. 准备加工程序

加工程序可以手动编写也可用电脑自动生成。一般是用电脑绘好图，进行加工设置后自动生成加工程序。

3. 上丝，校垂直

装上电极丝，并校正其垂直度。一般是校正电极丝与工作台水平面的垂直度。这样装夹工件时，保证工件基面与工作台水平面平行即可。当然也可以直接校正电极丝与工件基面的垂直度。

4. 装夹工件，找正

工件毛坯为方形，零件外形为圆形，在毛坯四个角的余量较大，所以可把四个角作为装夹的夹持点。可用悬臂式支撑、桥式支撑等多种方法装夹。装夹时要注意穿丝孔的方向，如图 2. 76 所示。图中，第二个装夹方向是不正确的，原因可参考工艺分析的内容。

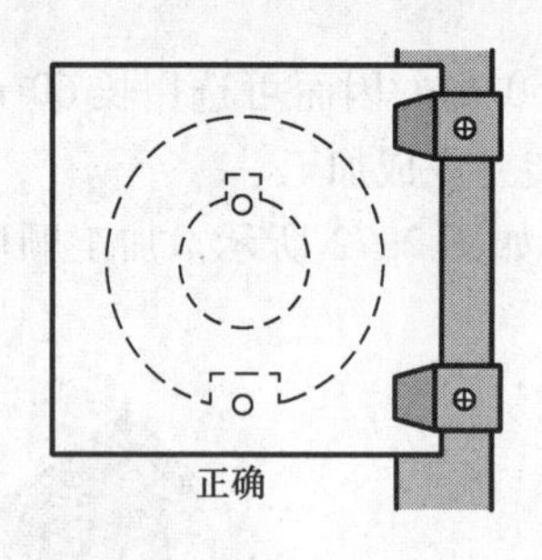

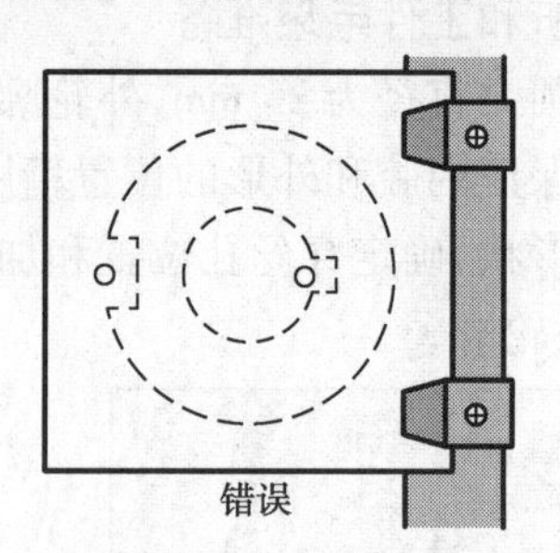

图 2. 76　工件装夹方向

5. 穿丝，对中心

将电极丝穿过第一个穿丝孔，然后对好中心，如图 2. 77 所示。

6. 加工内腔

调好加工参数，依次启动走丝，打开切削液，将“加工/定中心”开关置“加工”，打开高频，然后点击“切割”，启动程序加工。监控加工过程，注意调节“变频”来改变进给速度。

由于零件内腔轮廓和外轮廓不是连续的，所以不可能连续加工，编写程序也要在内腔轮廓和外轮廓之间加入暂停指令。加工完内腔，电极丝回到穿丝孔的起始位置，会自动停下来。

7. 第二次穿丝，定位

加工完内腔，加工外轮廓时，要重新穿丝。取下电极丝一端，点击“空走”，选择“正向空走”，拖板自动移到第二个穿丝孔停下，然后穿丝。这次穿丝后不用对中心，电极丝的位置，已在前面“空走”时，由程序自动定位。注意，空走时，拖板移动相对较快，而且高频自动关闭，不会放电。

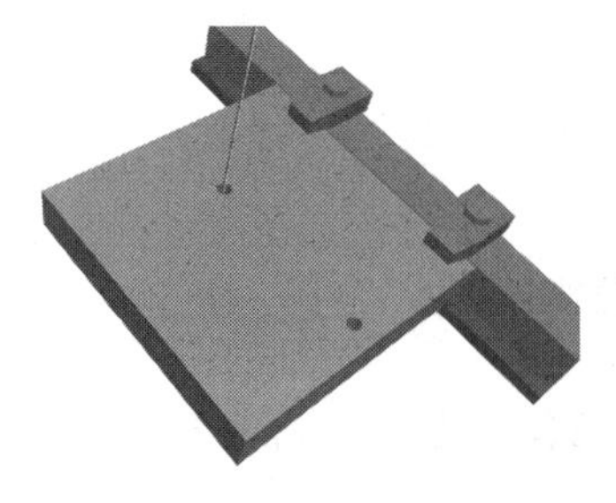

图 2.77　第一次穿丝

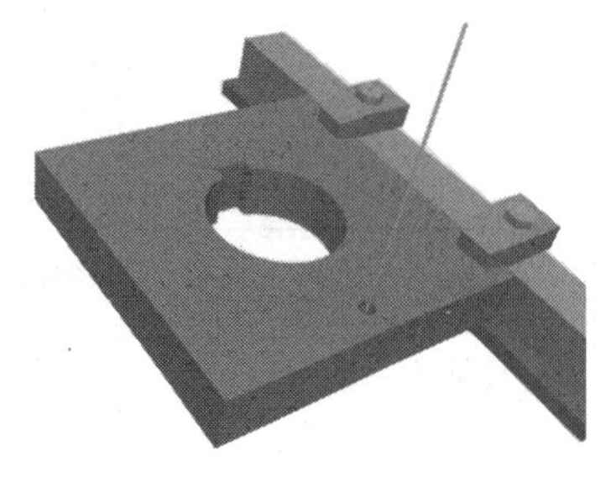

图 2.78　第二次穿丝

8. 加工工件外轮廓

点击“切割”，再次启动程序，开始切割外轮廓。

9. 停机，检测

加工完毕，先关闭高频，关闭切削液，稍等一会儿，甩掉电极丝上的工作液，再关闭走丝。小心移开电极丝，取下零件，然后检测零件，看是否符合要求。若不符合要求，找出原因，进行纠正，以备加工下一个零件。

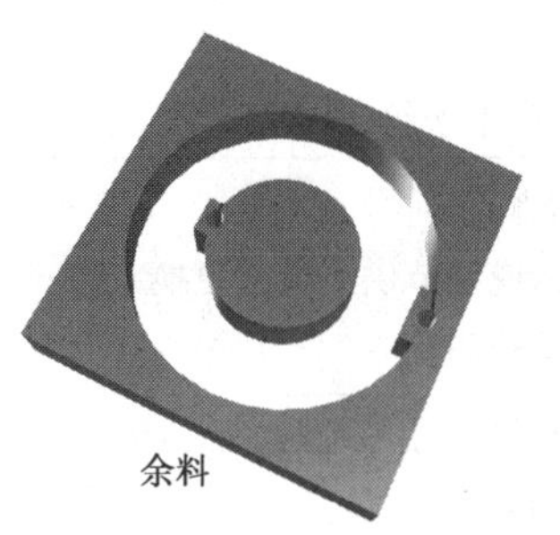

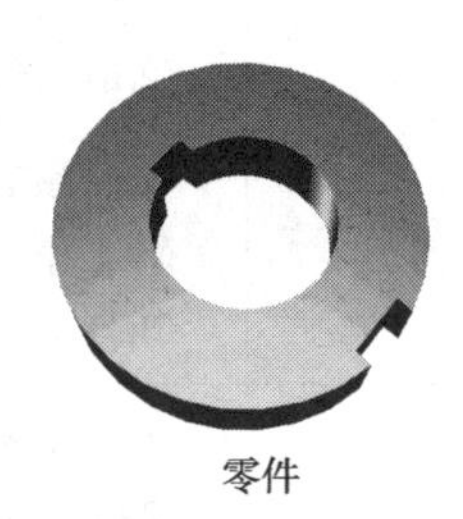

图 2.79　加工完毕

课题四　常见问题及处理

线切割加工操作过程中，难免遇到一些问题，表 2. 2 列举一些常见的问题及原因，供操作时参考。

表 2.2　常见的问题和原因及解决办法

问　题	可能的原因及解决办法
工件表面有明显丝痕	①电极丝松动或抖动。 ②工作台纵横运动不平衡,振动大。 ③脉冲电源参数调节不当。
抖　丝	①电极丝松动。 ②长期使用轴承精度降低,导轮磨损。 ③滚丝筒换向时冲击及滚丝筒跳动增大。 ④电极丝弯曲不直。
导轮转动有啸叫声,转动不灵活	①导轮轴向间隙大。调整导轮轴向间隙。 ②工作液进入轴承。用汽油清洗轴承。 ③长期使用轴承精度降低,导轮磨损,应更换轴承和导轮。
断　丝	①电极丝老化发脆,应更换电极丝。 ②电极丝太紧及严重抖丝,应调节电极丝。 ③工作液供应不足。 ④工件厚度和电参数选择配合不当。 ⑤滚丝筒拖板换向间隙大造成断丝,应调整。 ⑥拖板超出行程位置,应检查限位开关。 ⑦工件表面有氧化皮,应去除。 ⑧工件内夹杂不导电的杂质,应更换材料。
松　丝	①电极丝安装太松。 ②电极丝使用时间过长而产生松丝,应重新调整。
烧　伤	①高频电源电参数选择不当。 ②工作液供应不足及太脏,应调节供液量或更换工作液。 ③自动调频不灵敏,需检查控制箱。
工作精度不符	①导轨松动,丝杆螺母间隙增大,应调整。 ②导轨垂直精度不符,应调整。 ③传动齿轮间隙大,应调整。 ④控制柜失灵及步进电机失效,应修理。

项目三　数控线切割编程

项目内容

①3B 格式程序。
②ISO 标准程序。
③CAXA 线切割。

项目目的

会编写简单的数控线切割程序。会利用 CAXA 线切割进行绘图和后置处理。

项目实施

任务一　3B 格式程序

数控机床的自动加工过程,都是按照“程序”的指令去控制机床动作的。要全面掌握数控线切割加工技术,就必须学习程序代码,学会编写加工程序。数控线切割加工程序,有“3B 格式代码”、“4B 格式代码”和“G 代码”等类型。

课题一　3B 代码程序格式

一、坐标系

学习编程的第一步就是要掌握“坐标系”的概念。因为机床拖板的进给运动和尺寸控制都是靠“坐标”来定位和计算的。

线切割机床上常用的是平面直角坐标系。一个平面直角坐标系包括两个相互垂直的坐标轴(X 轴和 Y 轴),坐标轴是有方向的,两个坐标轴的交点称为原点。两个坐标轴把平面分为四个区域,分别称为四个象限,如图 3.1 所示。

在线切割机床上建立的坐标系,从左到右的方向为 X 轴,从前到后的方向为 Y 轴,两个轴的交点就是坐标原点,如图 3.2 所示。

要注意,工件坐标系原点的位置,并不是固定在“工作台”上,而在“工件”上。具体在工件哪个地方,是由编程人员根据工艺要求进行确定。可见,加工坐标系的原点位置,会随工件安装位置的变化而变化。

自动加工时,机床控制系统必须准确地知道工件原点的位置,才能正确地控制机床进行加工。机床控制系统怎样才知道工件装夹在哪里呢？这个工作就是靠前面讲过的“对丝”(车工、铣工类似的操作称为“对刀”)操作来实现的。所以,对丝的目的,就是让机床控制系统知道工件原点在什么地方。

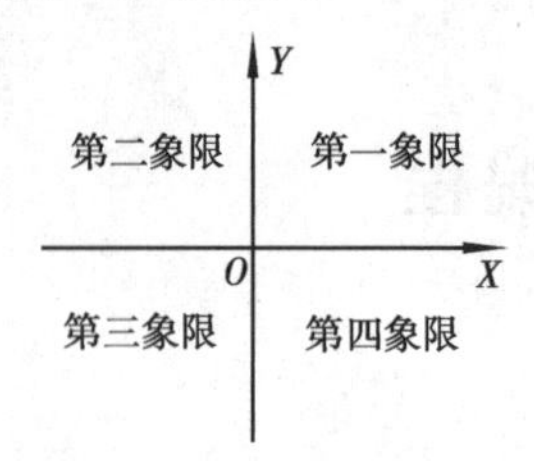

图 3.1　平面直角坐标系

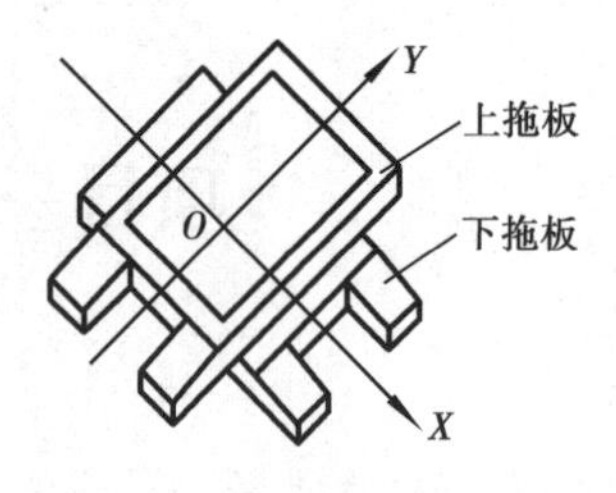

图 3.2　线切割机床坐标系

二、3B 格式程序

“3B 格式”加工程序是我国自行开发的较早使用的一种程序代码，在国内的数控电火花线切割机床中应用相当普遍。3B 格式程序简单易学，但功能较少。

3B 格式程序因有 3 个字母 B 而得名，一般格式如下：

BX BY BJ G Z

其中　B——分隔符，它将 X，Y，J 的数值隔开；

X——X 轴坐标值，取绝对值，单位为微米；

Y——Y 轴坐标值，取绝对值，单位为微米；

J——计数长度，取绝对值，单位为微米；

G——计数方向，分为 X 方向（GX）和 Y 方向（GY）；

Z——加工指令，共有 12 种，直线 4 种（L1 ~ L4），圆弧 8 种（SR1 ~ SR4，NR1 ~ NR4）。

例如：

B8868　B4400　B24268　GX　NR3

这就是一段加工程序，其中：X = 8 868，Y = 4 400，J = 24 268，计数方向符号 G 是 GX，加工指令 Z 是 NR3（一种圆弧）。

注意：X，Y，J 的数值最多 6 位，而且都要取绝对值，即不能用负数。当 X，Y 的数值为 0 时，可以省略，即“B0”可以省略成“B”。

现在先来看一个 3B 格式加工程序的片段：

```
B0        B19900    B19900    GY    L4;
B33875    B0        B33875    GX    L1;
B0        B8100     B4500     GY    SR1;
B8868     B4400     B24268    GX    NR3;
…………
```

上面的程序写了四行，每一行称为一个程序段，完成一个小的任务，一个零件的加工程序有很多行，分别完成很多个“小任务”，合起来就完成一个零件的加工。每一行又有五个部分，从前往后依次为：第一部分代表 X 轴坐标数据；第二部分是 Y 轴坐标数据；第三部分是计数长度数据；第四部分是计数方向符号；第五部分是加工指令符号。

常见的加工类型可分为两种：直线和圆弧。下面作简单介绍。

课题二　3B 代码编程

一、直线指令

直线指令是让电极丝以当前位置为起点,直线进给,走向目标点。3B 程序的第五部分(Z)代表加工直线还是圆弧。要加工直线,就把程序段的第五部分“Z”写成 L1,或者 L2,或者 L3,或者 L4。其中 L 代表加工直线,数字代表不同的加工方向,L1 表示向右或右上方加工,L2 表示向上或左上方加工,L3 表示向左或左下方加工,L4 表示向下或右下方加工,如图 3.3 所示。

在直线指令中:

①X,Y 分别是线段在 X 方向和 Y 方向加工的距离。

②计数长度 J 取 X,Y 中较大的一个数的数值。

③计数方向 G 也是取 X,Y 中较大的一个。X 大就写 GX,Y 大就写 GY。如果 $X = Y$,则直线 L1,L3 的方向写 GY;L2,L4 的方向写 GX。

例如:按图 3.4 所示加工一条直线,可写出如下的程序段。

图 3.4(a)程序为:

B20000 B45000 B45000 GY L1

图 3.4(b)程序为:

B35000 B15000 B35000 GX L4

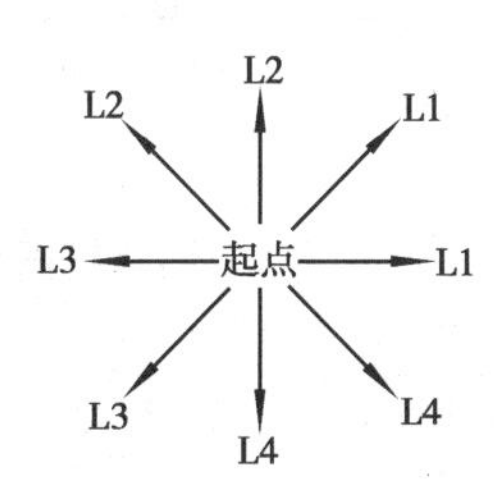

图 3.3　直线加工指令与方向

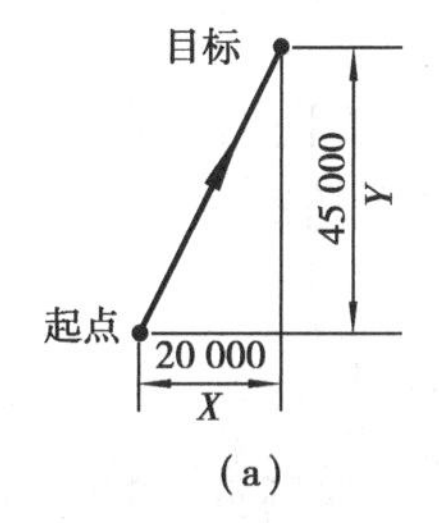

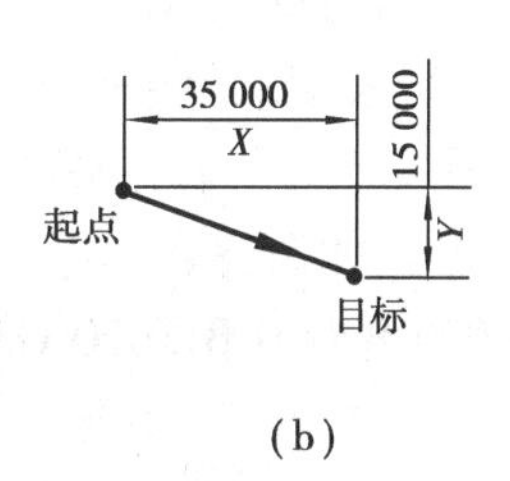

图 3.4　直线编程示例

如果直线与 X 轴或 Y 轴相重合,编程时 X,Y 均可不写。例如程序 B0B5000B5000GYL1 可简化为 BBB5000 GYL1。注意:作为分隔符的“B”不能省略。

二、圆弧指令

圆弧指令比直线加工指令要复杂一些。圆弧有两种旋转方向和四种起点方位。

加工圆弧有顺时针和逆时针两种旋转方向,如图 3.5 所示。

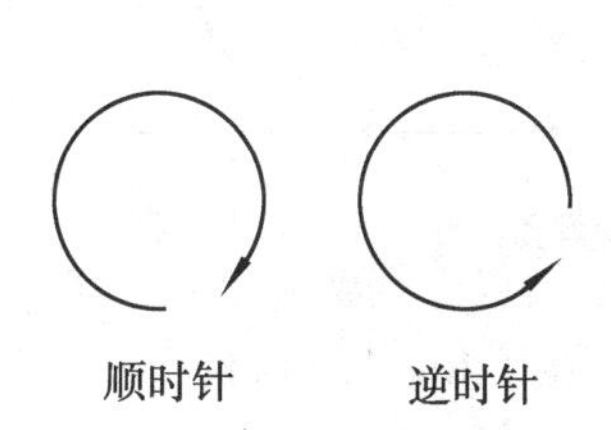

图 3.5　圆弧加工方向

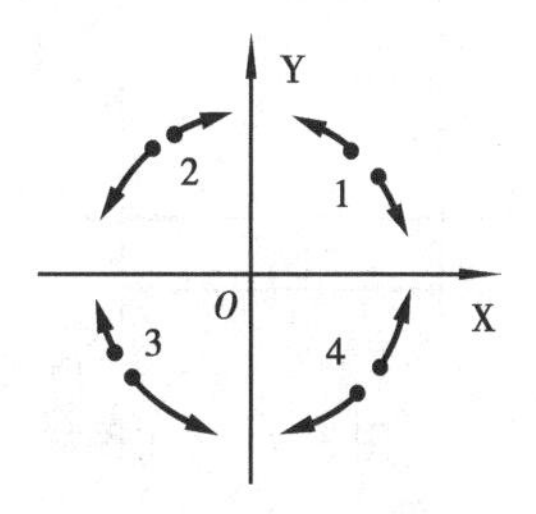

图 3.6　四种起点方位

以圆心 O 为参考点,圆弧有四种起点方位,即四个象限,如图 3.6 所示。

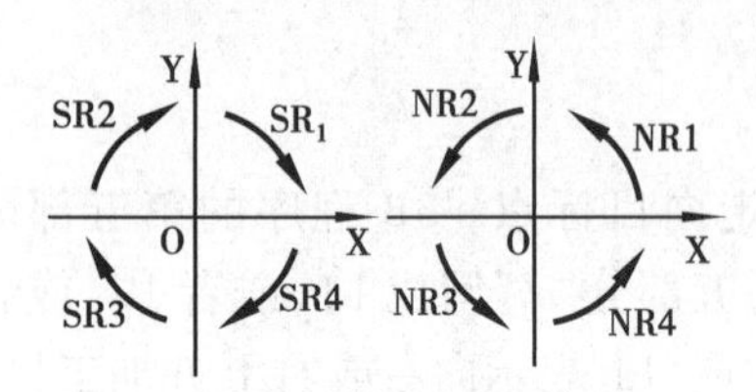

图 3.7　圆弧起点方位与圆弧指令

圆弧加工的旋转方向与起点方位的搭配,形成 8 种不同组合,就产生了 8 种圆弧加工指令,逆时针 4 种,顺时针 4 种。圆弧的加工指令如图 3.7 所示。

例如:SR1 表示圆弧起点在第 1 象限,沿着顺时针方向加工;NR4 表示圆弧起点在第 4 象限,沿着逆时针方向加工。注意起点在一个象限,而终点可以跨入其他象限。

编写圆弧加工指令时,是把圆弧的圆心作为相对坐标系原点(零点)。在圆弧指令中:

①X,Y 是圆弧的起点坐标值,即圆弧起点与圆心连线在 X,Y 方向的投影长度。

②计数方向 G 取圆弧的终点与圆心在 X,Y 方向的距离值较小的一个的方向。X 值小用 GX,Y 值小用 GY。

③计数长度 J 应取从起点到终点的某一坐标移动的总距离。当计数方向确定后,J 就是被加工曲线在该方向(计数方向)投影长度的总和。对圆弧来讲,它可能跨越几个象限,这时分别计算后相加。

例:加工如图 3.8 所示的圆弧。

①由起点到圆心的距离可知,$X = 9\ 000$,$Y = 2\ 000$;

②由终点与圆心的距离可知,$X(6\ 000)$小于 $Y(8\ 000)$,取小的方向,所以计数方向为:GX;

③计数长度取整个圆弧在 X 方向的投影:$9\ 000 + 6\ 000 = 15\ 000$;

④圆弧起点在第一象限,而且是逆时针方向,加工指令为:NR1;

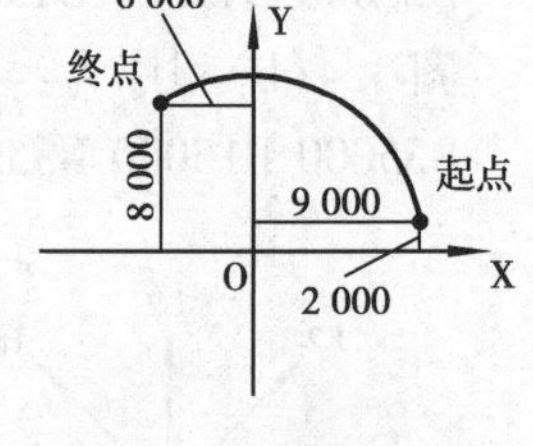

图 3.8　圆弧编程示例

由上,写出程序:

B9000 B2000 B15000 GX NR1

课题三　3B 代码程序示例

一、例题

加工轮廓如图 3.9 所示,编写 3B 格式的线切割加工程序。

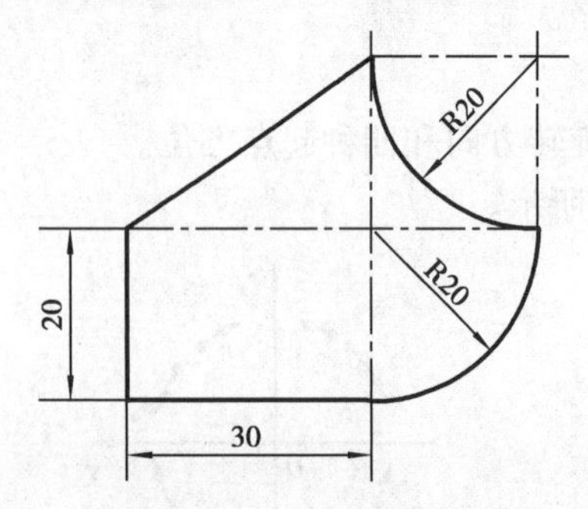

图 3.9　加工图样

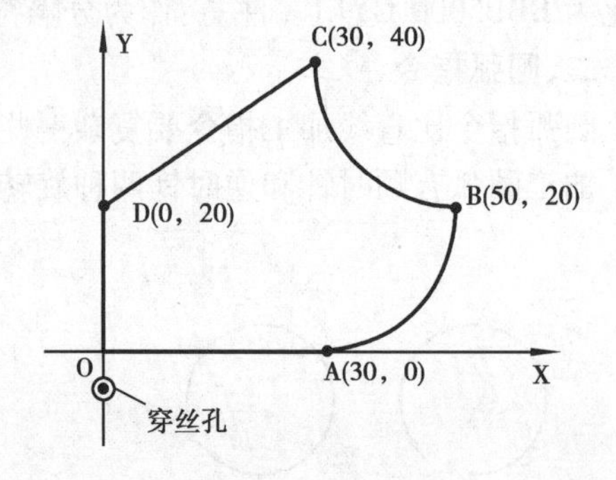

图 3.10　加工数据

二、编程

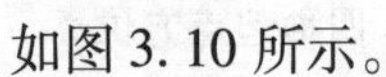

如图 3.10 所示。

①计算相关数据。

②加工方向，按轮廓线逆时针方向切割。

③设左下角为原点，穿丝孔在原点下 5 mm。

④不考虑电极丝补偿，编写程序如下：

```
N0001 B      0  B   5000  B   5 000  GY   L2  ;穿丝孔到原点
N0002 B  30000  B      0  B   30000  GX   L1  ;加工 OA 线段
N0003 B      0  B  20000  B   20000  GY  NR4  ;加工 AB 逆圆弧
N0004 B      0  B  20000  B   20000  GY  SR3  ;加工 BC 顺圆弧
N0005 B  30000  B  20000  B   30000  GX   L3  ;加工 CD 线段
N0006 B      0  B  20000  B   20000  GY   L4  ;加工 DO 线段
N0007 B      0  B   5000  B    5000  GY   L4  ;由原点回到穿丝孔
N0008 DD                                      ;停止
```

练习：将例题切割方向改为顺时针，重新写出 3B 加工程序。

注意：如果考虑电极丝补偿，各点位坐标就要重新计算。实际工作中，通常利用电脑 CAD/CAM 自动编程，可以大大减少计算工作量，也减少了出错的可能，调试也方便。

任务二　ISO G 代码程序

课题一　ISO 程序格式

目前新型数控电火花线切割机床，普遍支持国际标准的 ISO 格式代码——“G 代码”。G 代码功能强大，通用性强，是发展的方向。现在很多的线切割机床既可以使用 3B 格式代码，又可以使用 ISO 格式的 G 代码。

一、G 代码程序示例

首先来看一段程序示例：

```
%0001
N10 T84 T86 G90 G92 X38.000 Y0.000;
N20 G01 X33.000 Y0.000;
N30 G01 X5.000 Y0.000;
N40 G02 X0.000 Y5.000 I0.000 J5.000;
N50 G01 X0.000 Y15.000;
N60 G01 X47.500 Y80.000;
…………
```

下面利用这段程序来说明 ISO 编程中的几个基本概念：

二、ISO 编程的基本概念

①字。观察上面的程序，会发现，都是一个字母后面跟一个数字，这是程序中的最小单元，不同的字母数字组合，有不同的意义。例如，G01 表示加工直线，G02 表示加工顺圆。这种字母与数字的组合称为字。

②程序段与程序段号。一个程序是由许多行组成的，每一行称为一个程序段。一个程序段就是一组完整的数控信息，能完成一组任务。许多个程序段依次排列起来就形成一个加工程序。

程序段前面那个 N 开头的字，称为程序段号(也就是程序段顺序号)。程序段编号范围为 N0001 ~ N9999。程序段号并不一定要以 N0001、N0002、N0003…的顺序来编写，可以跳跃式地编号，如 N0010，N0020，N0025…。为了编辑程序方便，通常以递增的方式编号，如 N0010，N0020，N0030，…，每次递增 10，其目的是留有插入新程序的余地，即如果在 N0020 与 N0030 之间漏掉了某一段程序，可在 N0021 ~ N0029 间用任何一个程序段号插入。

要注意，不管程序段号大小如何，程序的执行不是按程序段号的大小来进行的，而是按从上到下的顺序一行一行地依次执行的。

③程序号(程序名)。每一个程序一开始就必须指定一个程序号，程序号就相当于程序的名字。在一个机器里可能有很多种零件的加工程序，就是用程序号来区别的。程序号通常以字母 O 或符号% 开头，紧接着为 4 位数字，数字范围为 0001 ~9999。

下一课题将对常用程序代码作详细介绍。

课题二　常用指令

一、准备功能 G 代码

1. 绝对坐标指令 G90

格式：G90

执行本指令后，后续程序段的坐标值都代表绝对坐标值，即所有点的坐标数值都是在编程坐标系中的点坐标值，除非又执行了 G91 指令。

2. 相对坐标指令 G91

格式：G91

执行本指令后，后续程序段的坐标值都代表相对坐标值，即所有点的坐标均以前一个点作为起点来计算运动终点的位置距离，除非又执行了 G90 指令。

3. 设置当前点坐标 G92

格式：G92 X ____ Y ____

G92 是设置当前电极丝位置的坐标值。执行本指令后，电极丝所处位置的坐标，就变为 G92 后面跟 X，Y 的值。

4. 快速定位 G00

格式：G00 X ____ Y ____

快速移动指令 G00 是使电极丝按机床最快速度移动到目标位置，其速度取决于机床性能和设置。G00 后面跟的 X，Y 坐标值即为目标点的坐标值。

如：G00 X50.0 Y100.0 表示快速移到 X = 50.0、Y = 100.0 的坐标点。

注意:(1)本指令执行时,电极丝通常不是直线移向终点,而是折线。

(2)位移指令 G00,G01,G02,G03 在编程时,假定电极丝移动,工件不动,而实际加工是工件移动。

5. 直线插补 G01

格式:G01 X ____ Y ____

直线插补(G01)是使电极丝从当前位置以进给速度直线移动到目标位置。后面的 X,Y 是目标点的坐标,如:

G01 X25.0 Y10.0

6. 圆弧插补 G02、G03

格式: G02 X ____ Y ____ R ____或

G02 X ____ Y ____ I ____ J ____

G03 X ____ Y ____ R ____或

G03 X ____ Y ____ I ____ J ____

编程参数说明:

①G02 和 G03 指令用于切割圆或圆弧,其中 G02 为顺时针切割,G03 为逆时针切割。

②X,Y 的坐标值为圆弧终点的坐标值。用绝对方式编程时,其值为圆弧终点的绝对坐标;用增量方式编程时,其值为圆弧终点相对于起点的坐标。

③R 表示圆弧的半径。当圆弧的圆心角大于 180°时,R 的值应加负号。

④I 和 J 的值分别是在 X 方向和 Y 方向上圆心相对于圆弧起点的距离。

编程时用 R 还是用 I,J,由编程者自行选择。但对于整圆,只能用 I 和 J 方式编程,不能用 R 方式编程。X,Y 省略的场合,意味着起点与终点相同,即表示切割一个 360°的整圆。

7. 电极丝半径补偿 G40、G41、G42

电极丝是有粗细的,如果不进行补偿,让电极丝"骑"在工件轮廓线上加工,加工出的零件尺寸就不符合要求,如图 3.11 所示。为了使加工出的零件符合要求,就要让电极丝向工件轮廓线外偏移一个电极丝半径的距离(实际还要加放电间隙),这就要用到电极丝半径补偿指令。

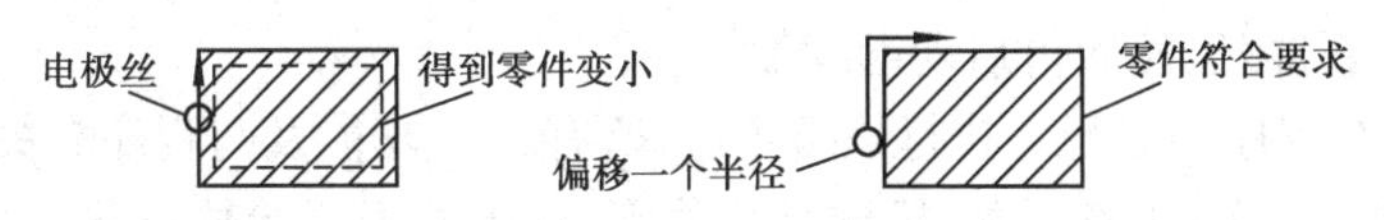

图 3.11　电极丝半径补偿

格式:G40;取消电极丝补偿

G41 D ____;电极丝左补偿

G42 D ____;电极丝右补偿

编程参数说明:

①G41(左补偿):以工件轮廓加工前进方向看,加工轨迹向左侧偏移一个电极丝半径的距离进行加工,如图 3.12 所示。

②G42(右补偿):以工件轮廓加工前进方向看,加工轨迹向右侧偏移一个电极丝半径的距离

离进行加工,如图 3.12 所示。

③G40(取消补偿):指关闭左右补偿方式。

④D 表示偏移量。例如,D100 表示偏移 0.1 mm。

注意:电极丝半径是在数控系统相关参数中设置,不包含在指令中。

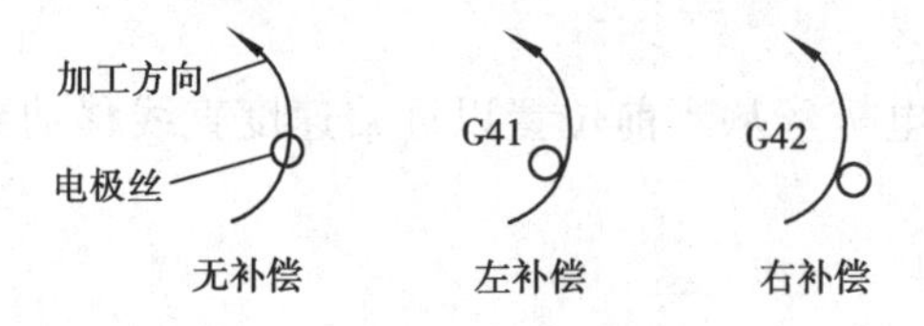

图 3.12 电极丝半径补偿

编程时,要根据运丝方向和补偿方向来选择指令,如图 3.13 所示。

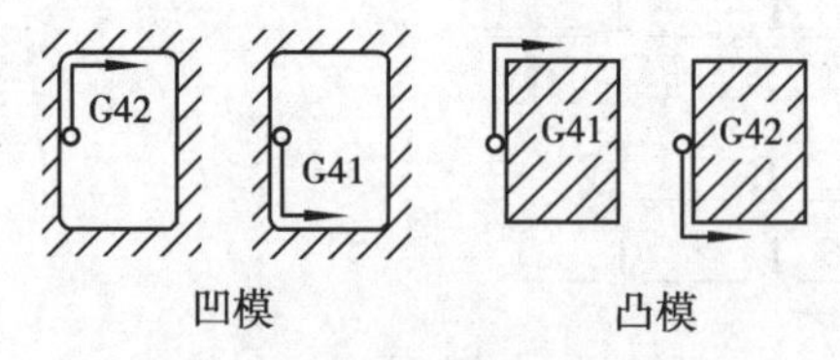

图 3.13 补偿方向的选择

注意:在线切割加工中大多数 G 指令都是模态指令,即当下面的程序不出现同一组的其他指令时,当前指令一直有效。

二、机械控制指令(T 功能)

T84:切削液开

T85:切削液关

T86:走丝开

T87:走丝关

由于这些指令功能简单,意义明确,就不多讲了。

三、辅助功能(M 功能)

M00:程序暂停。用于加工过程中操作者检验、调整、测量、跳步等。暂停后按机床上的启动按钮,即可继续执行后面的程序。有两个以上没有连接的加工时(即跳步),使用 M00 指令暂停机床运转,重新穿丝,然后再启动继续加工。

M02:结束整个程序的运行。执行该指令后,所有的 G 功能及与程序有关的一些运行开关都会停止,如切削液开关、走丝开关、机械手开关等,机床处于原始禁止状态,电极丝处于当前位置。如果要使电极丝停在机床零点位置,则必须操作机床使之回零。

注意:不同厂家生产的数控线切割机床,可用的 ISO 代码数量可能不同,一些特殊功能的代码意义也可能不同,要根据机床说明手册来编写相应的数控程序。例如,有的系统还有镜像和交换指令 G05,G06,G07,G08,G09,G10,G11,G12 等,用于加工一些对称性好的工件,使程序简化。

课题三 程序示例

仍然以图 3.9 为例。前面用 3B 格式代码编写了加工程序,现在用 ISO 标准 G 代码编写程序。

绝对编程示例：

```
%0001;
N10 T84 T86 G90 G92 X0 Y-5.0;
N20 G01 Y0;
N30 X30.0;
N40 G03 X50.0 Y20.0 R20.0;
N50 G02 X30.0 Y40.0 R20.0;
N60 G01 X0.0 Y20.0;
N70 Y-5.0
N80 M02;
```

相对编程示例：

```
%0001;
N10 T84 T86 G91 G92 X0 Y-5.0;
N20 G01 Y5.0;
N30 X30.0;
N40 G03 X20.0 Y20.0 I0 J20.0;
N50 G02 X-20.0 Y20.0 I0 J20.0;
N60 G01 X-30.0 Y-20.0;
N70 Y-25.0;
N80 M02;
```

为了简化计算,上面示例程序没有考虑电极丝补偿。前者圆弧指令用 R,后者圆弧指令用 I、J。请对照图 3.9 和图 3.10 体会程序中各个坐标数据值。

练习:按顺时针方向切割加工,并考虑电极丝补偿,重新编写例子中的线切割加工程序。

任务三　CAXA 线切割

手工编程是使用者采用各种数学方法,使用一般的计算工具(包括电子计算器),对编程所需的各坐标点进行处理和计算,需要把图形分割成直线段和圆弧段,并把每段曲线的关键点的坐标算出,并按这些关键点坐标进行编程。当零件的形状复杂,或者有非圆曲线时,人工编程的工作量就会非常大,同时也容易出错。

自动编程是先在计算机上绘制图形,再根据加工工艺要求设定相关参数,最后由计算机自动生成加工程序。用计算机绘制图形和编程具有速度快、精度高、直观性好、使用简便、便于检查和修改等优点,目前已成为国内外普遍采用的数控编程方法。

能够实现自动编程的软件很多,如 YH,AUTOP,YCUT,CAXA 等。这些软件不但可以完成图形绘制,自动生成加工程序,还能够在电脑上进行程序验证和调试,模拟加工过程,把错误和不足发现在正式加工之前,提高了程序的可靠性。

课题一　认识 CAXA 线切割软件

一、CAXA 线切割软件主界面

CAXA 是国产的优秀 CAD/CAM 软件,除了可以进行绘图外,还可以自动生成 3B 格式程序、4B 格式程序以及 ISO 标准 G 代码程序。全中文界面,符合人们的操作习惯。CAXA XP 线切割软件界面如图 3.14 所示。

二、CAXA 线切割菜单

下面列出 CAXA XP 线切割软件菜单,通过菜单可以大致了解软件的功能。菜单文字前面的图标也是工具栏上的快捷图标,后面的字符是快捷键。后面的图中,有圈的数字编号,是编者所加,用来表示某菜单项的下级菜单。

①"文件"菜单主要是进行文件的建立、打开、保存等操作,其中数据接口包括各种格式图

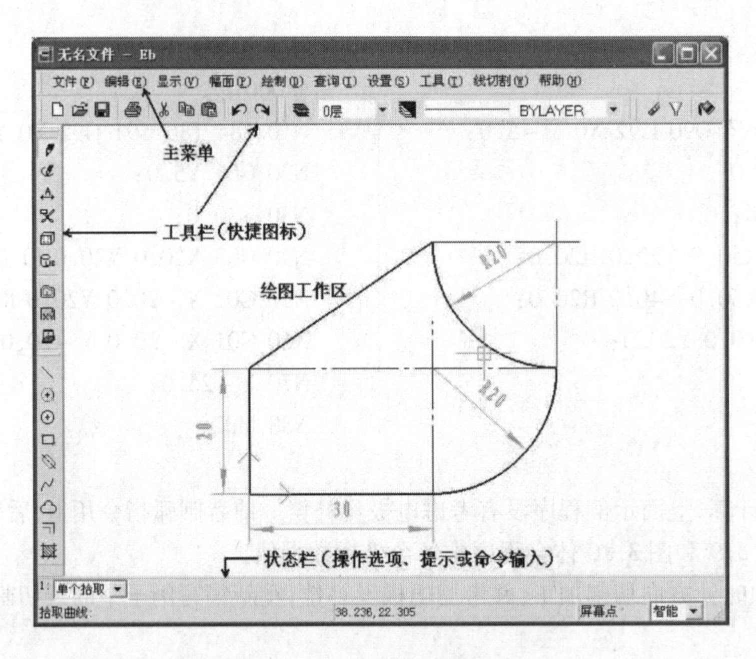

图 3.14 CAXA XP 线切割软件

形读入和输出,方便在不同绘图软件间进行数据共享,如图 3.15 所示。

②“编辑”菜单主要进行常规的复制、粘贴、删除、修改等操作,如图 3.15 所示。

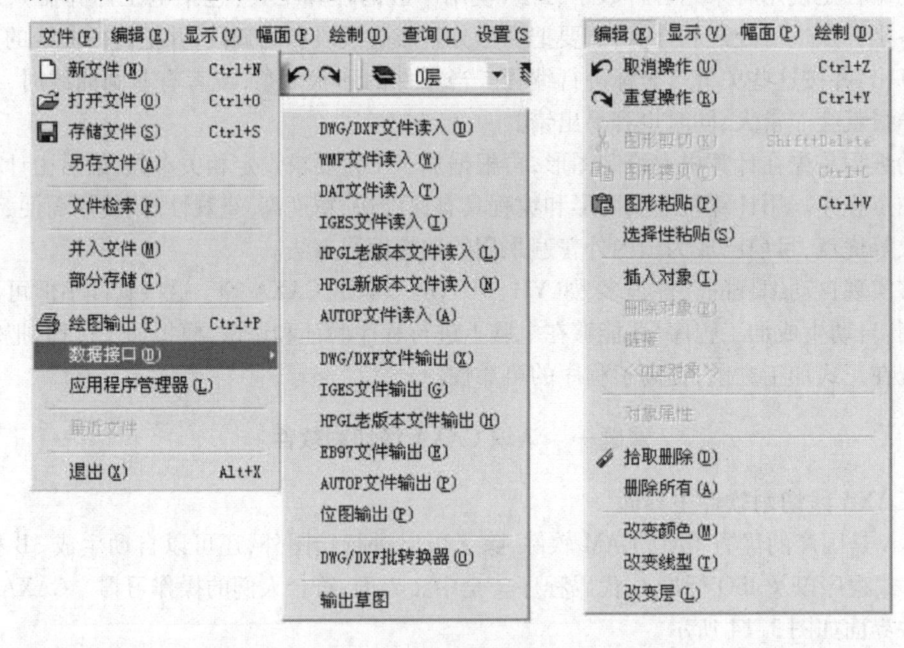

图 3.15 文件菜单与编辑菜单

③“显示”菜单用于对窗口进行缩放、移动等操作,以使图形显示便于观察或操作,如图 3.16所示。

④“幅面”菜单主要用于设置图纸的大小、方向、图框、标题栏等。该菜单中多数都还有子菜单,如图 3.16 所示。

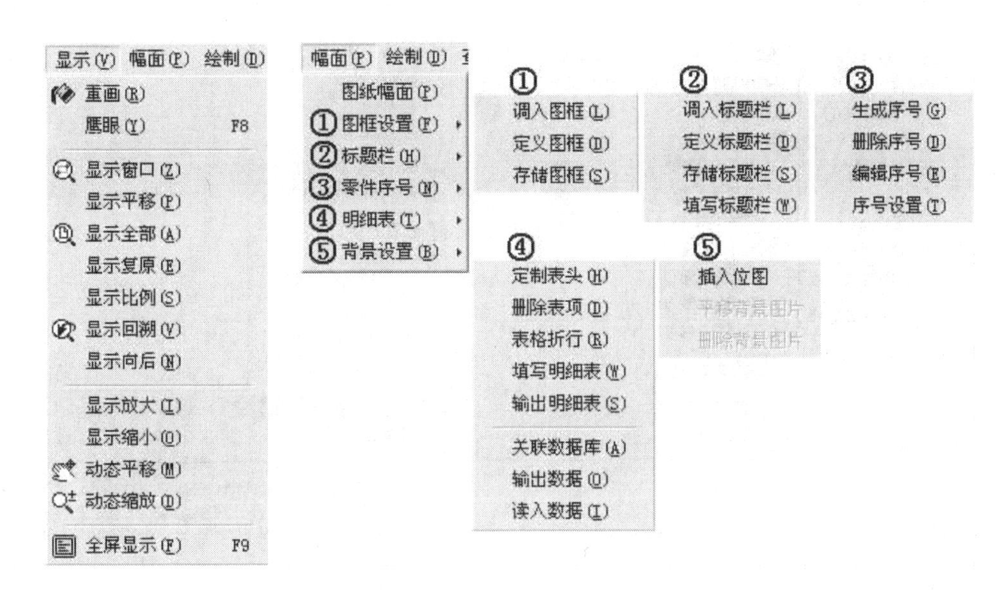

图 3.16 显示菜单与幅面菜单

⑤"绘制"是绘图最重要的菜单,各种形状绘制和编辑都在里面。图 3.17 是其下拉菜单和子菜单。

图 3.17 绘制菜单

⑥"查询"菜单用于检查某图素的几何数据,如图 3.18 所示。

⑦"设置"菜单用于配置操作环境、绘图参数等,如图 3.18 所示。

⑧"工具"菜单是辅助操作。

⑨"线切割"菜单是该软件的又一重要菜单,包含了线切割所需功能,如图 3.18 所示。

在绘图等操作中,对某项操作既可以通过主菜单来找到相应的项目进行操作,也可以直接使用工具栏上的快捷图标,图标操作是大多数人的操作方法,它直观方便。还可以用快捷键,这是专业人员常用的操作方法,它需要记忆快捷键,但操作更方便快速。

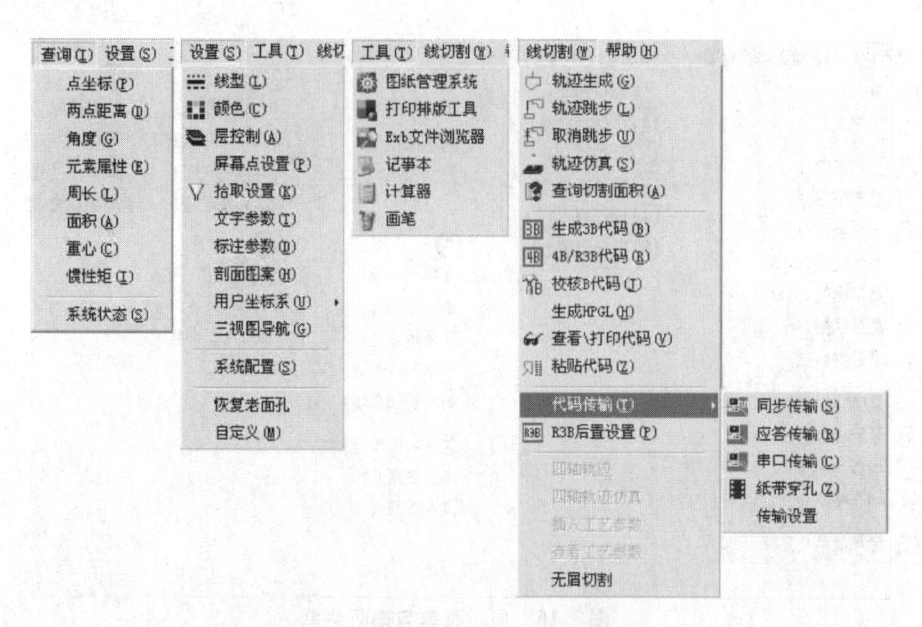

图 3.18 查询、设置、工具、线切割菜单

课题二 CAXA 线切割绘图实践

CAXA 线切割绘图软件操作比较简单,读者只要多实践,很快就可以上手。下面通过两个例子,来简要介绍 CAXA 绘图的一些基本操作。

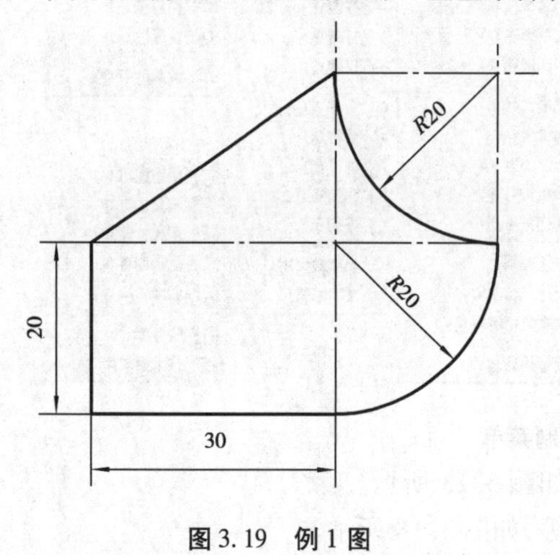

图 3.19 例 1 图

一、例 1

绘制图 3.19 所示的零件图。

绘图前先确定原点,以便计算其他点位坐标。确定原点位置要便于计算,本例设原点为零件图左下角。

绘图时先分析,哪些部位是可以直接画出的,哪些部位是要把其他地方先画出后才能画出的,有时候还要作些辅助线。分析后就可以确定绘图步骤。本例所示图形很简单,每条线都可以直接画出,所以下面的画法只是一种方案。

第一步:画长度为 30 的直线。选择“绘制—基本曲线—直线”。设置操作选项如图 3.20 所示。

用键盘输入第一个点的坐标(0,0)(输入不含括号),回车,再输入第二个点(30,0),回车,即画出第一条线 OA,如图 3.21 所示。图中字母是为了叙述方便所加,下同。

第二步:画长度为 20 的直线。这次用“正交”“长度方式”来画。设置操作选项如图 3.22 所示,设定长度为 20。选择“屏幕点”为“智能”。移动鼠标到原点附近,鼠标自动捕获锁定到原点,左击鼠标,确定第一个点,移动鼠标,出现长度为 20 的正交线,当线的位置符合要求时,左击鼠标,画出第二条线 OD。右击鼠标结束本次操作。

第三步:画圆弧。选择“绘制—基本曲线—圆弧”。操作选项“两点—半径”方式。选择“屏幕点”为“智能”。鼠标捕捉第一条线右端点,左击确定,当然也可以用键盘输入坐标(30,0)。再用键盘输入圆弧第二点(50,20),回车,移动鼠标,使绘图窗口中出现的圆弧方向符合要求,然后用键盘输入半径20,回车,即画出圆弧AB,如图3.23所示。

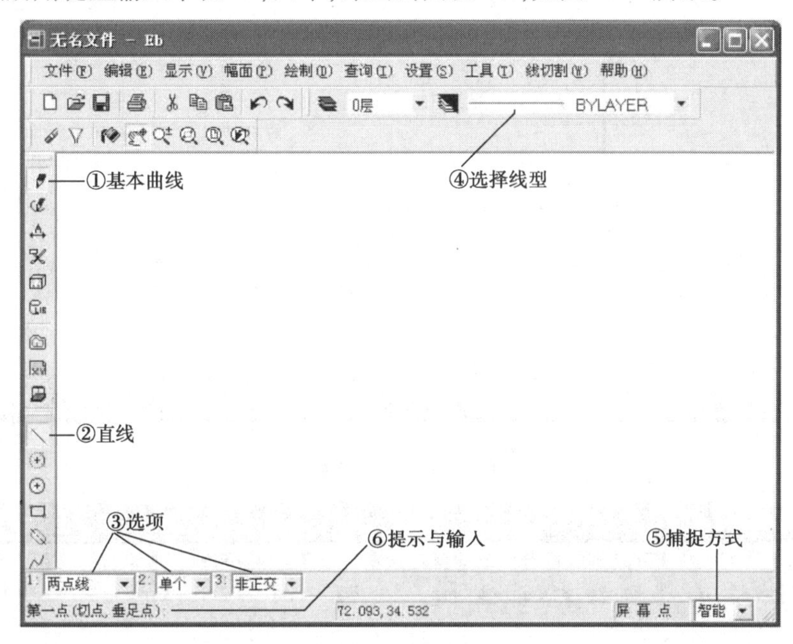

图3.20　操作设置

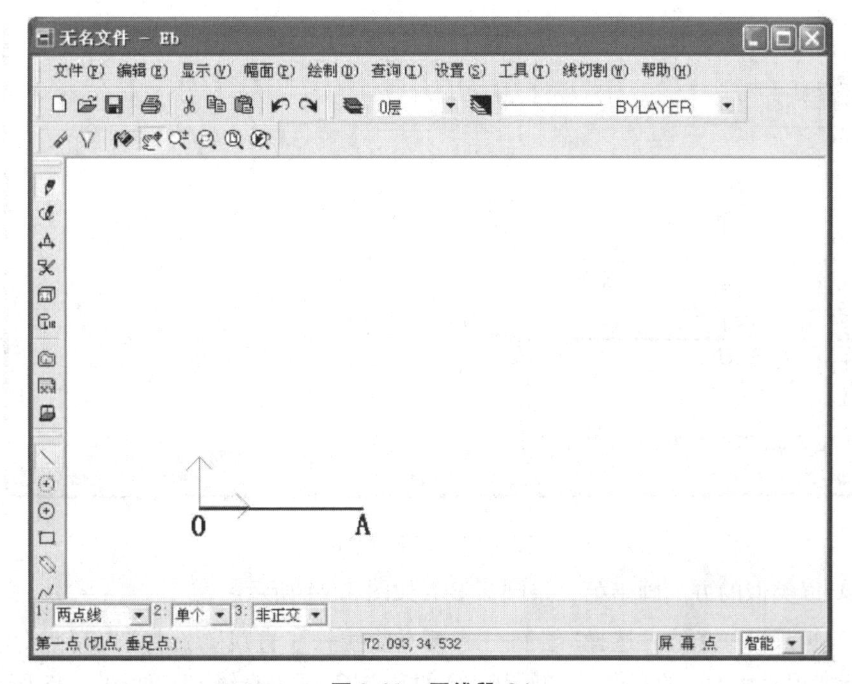

图3.21　画线段OA

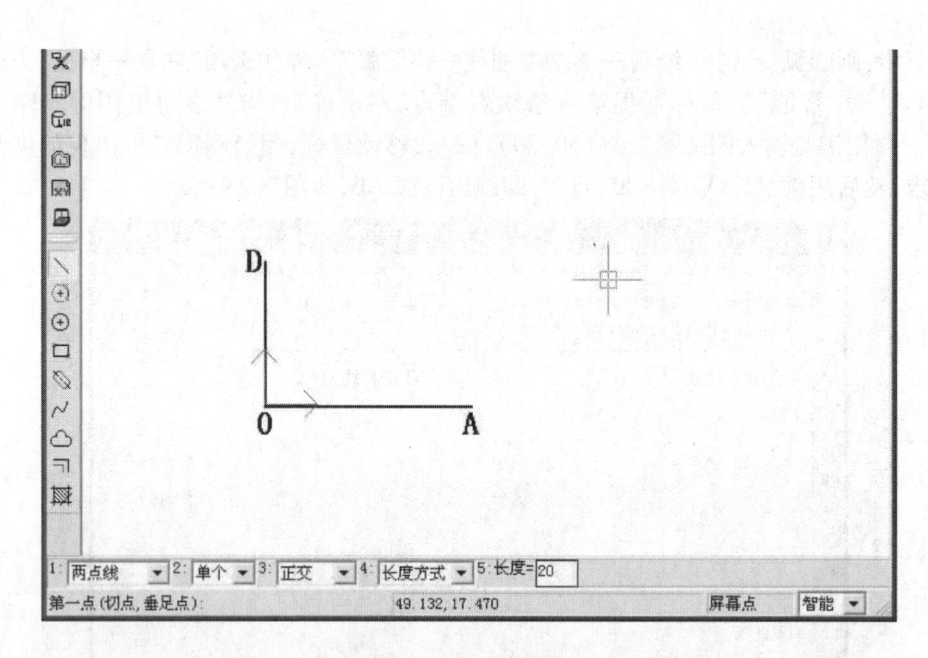

图 3.22　画线段 OD

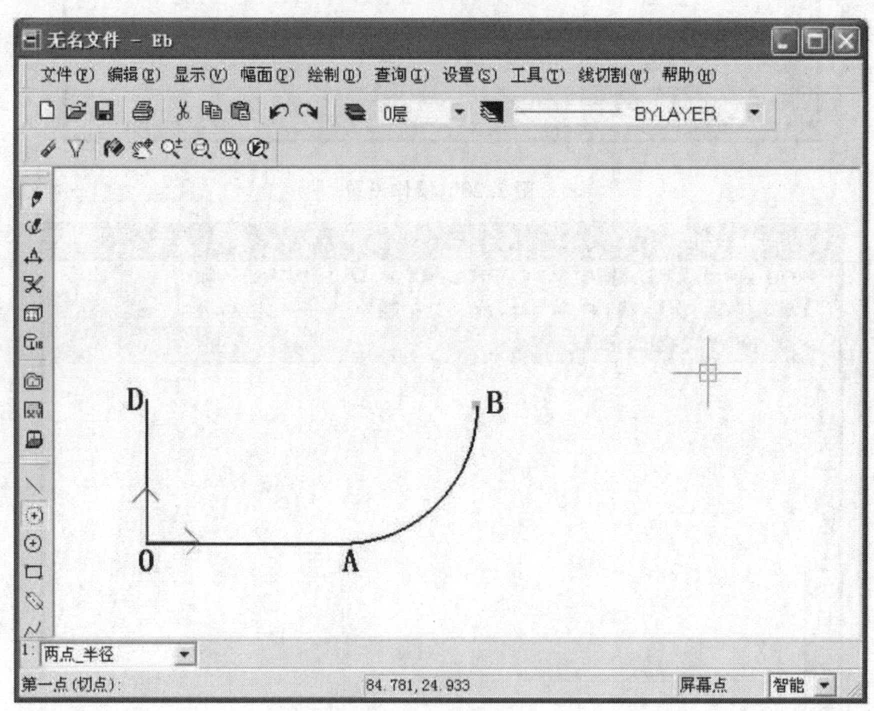

图 3.23　画圆弧 AB

第四步:以类似的方法画出第二条圆弧 BC,如图 3.24 所示。

第五步:画最后一条线。选择“绘制—基本曲线—直线”,选择“屏幕点”为“智能”。直接用鼠标捕捉直线 OD 的端点 D 和圆弧 BC 的端点 C,画出直线 CD,如图 3.25 所示。

接下来还可以进行标注、设置图框、设置打印等。这里我们主要是为了利用计算机 CAM

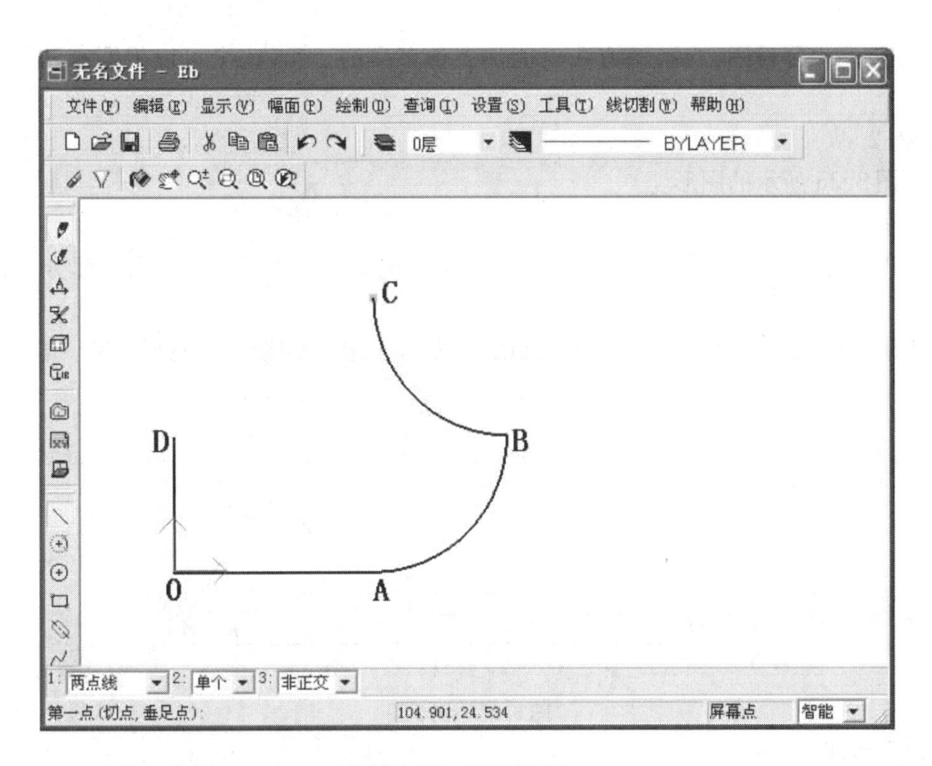

图 3.24　画圆弧 BC

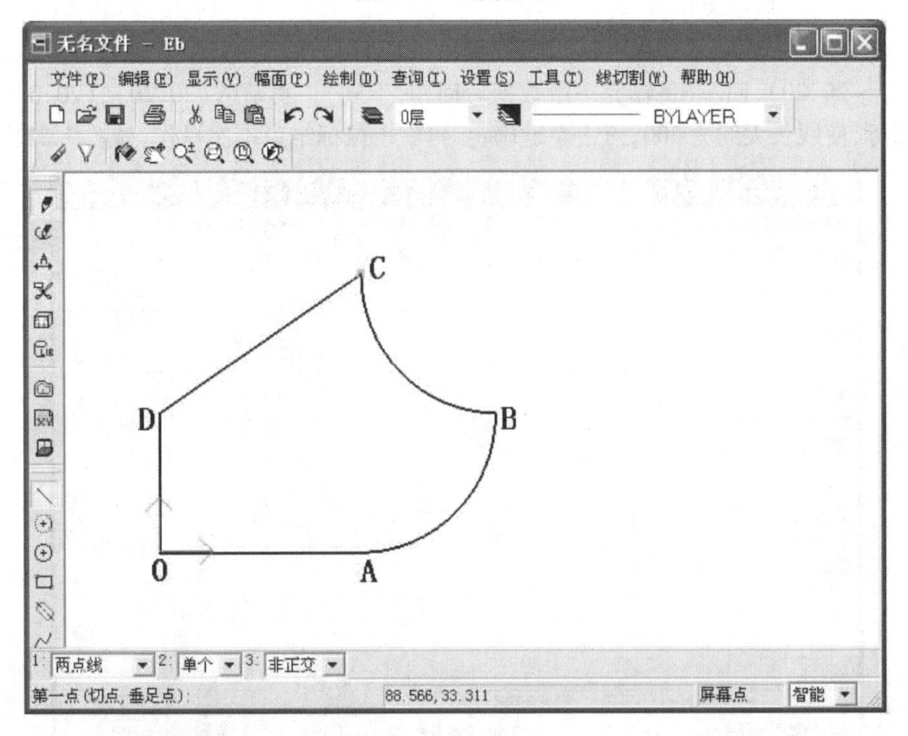

图 3.25　连接线段 CD

功能进行编程,所以零件图绘制到此结束。

注意:同一个零件图,绘制的方法可能是多种多样的,读者完全可以根据自己的思路来操作。

二、例2

绘制图3.26所示的图形。

1. 分析

①可以确定位置的曲线有*R*20、ϕ80,以及中部的矩形开口,所以这几个部分可以先画出来。

②由于图形是中心对称的,所以可先画出右边部分,再利用镜像功能画出另一半。

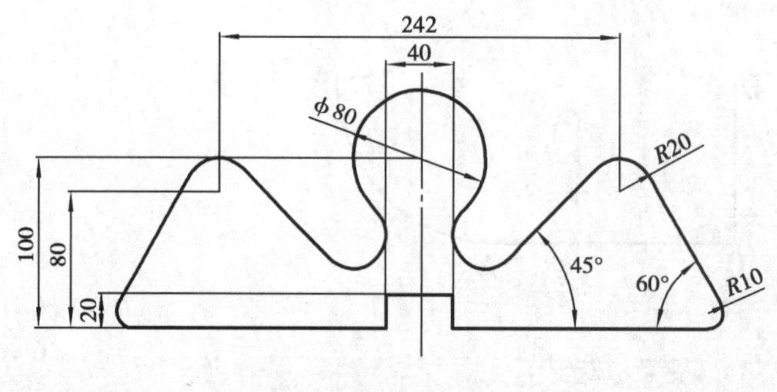

图3.26 例2图

2. 画图步骤

第一步画出已知直线和圆弧。

①选择“绘制—基本曲线—直线”,操作选项“两点线”“连续”“正交”“点方式”。输入点坐标(-20,20),回车(每输完一组数据后回车,下同)。再输入(20,20),(20,0),然后向右拖动鼠标,使线长大约为200,点击左键确定,再右击鼠标结束本次操作,如图3.27所示。

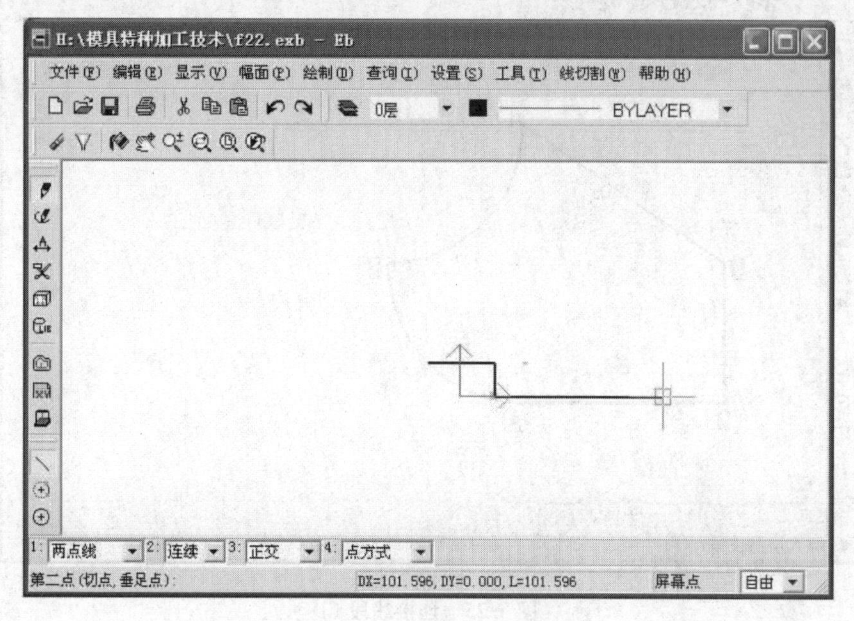

图3.27 画已知直线段

注意：刚才画的长度大约为200的线，实际长度还不能确定，还要等其他部分画出来后，利用裁剪、齐边、拉伸等功能进行修整。

②选择“绘制—基本曲线—圆”。选择“圆心—半径”“半径”。输入(0,100)，回车后输入半径40，回车后，右击鼠标结束本次操作；接着画第二个圆，输入(121,80)，回车后输入半径20。画出图形如图3.28所示。

注意：由于圆弧 $R40$ 与圆弧 $R20$ 的起点和终点都还不知道，所以先画出整圆，待相关其他部分画出后，再进行裁剪。

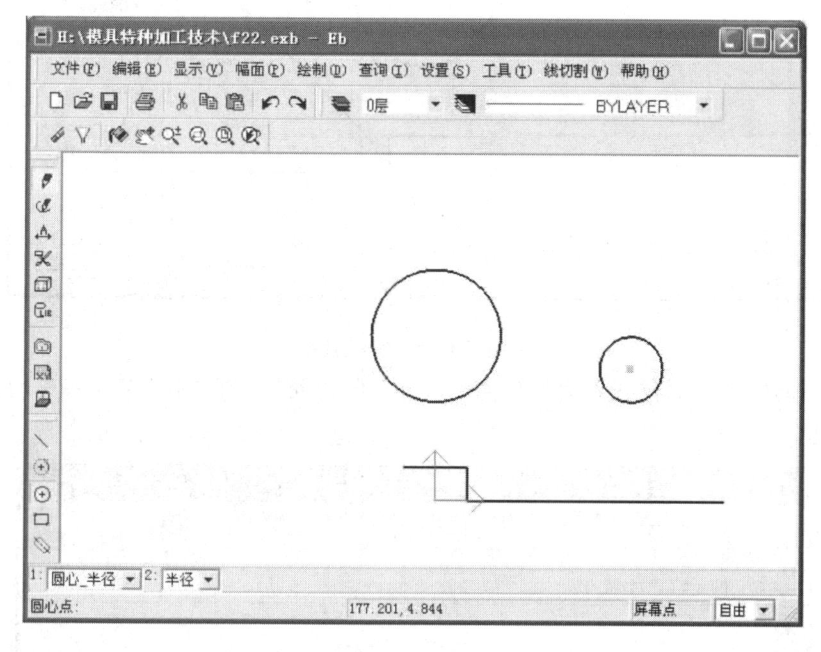

图3.28　画圆

第二步：根据已作出图形画其他曲线。

①画45°,60°线。选择“绘制—基本曲线—直线”；操作选项设为“角度线”“X轴夹角”“到点”，设好角度为45°；按空格键，出现如图3.29所示的作点工具菜单，选“切点”，估计切点在圆 $R20$ 的位置，用鼠标左击，电脑自动找到切点；再移动鼠标使切线长度到合适位置，左击确定，画出45°线。

②修改角度为 -60°，再按空格键，选切点，类似地作出另一条角度线，结果如图3.30所示。

提示：切线的长度可先作长一些，后面再进行裁剪。

③作三切弧。选择“绘制—基本曲线—圆弧”，选择“三点弧”。按空格键，选“切点”，点击圆 $R40$（图3.31中“1”处）；再按空格键，选“切点”，点击线段2（图3.31中“2”处）；再按空格键，选“切点”，点击45°线段（图3.31中“3”处），作出三切弧如图3.31所示。

图3.29　“点”拾取类型

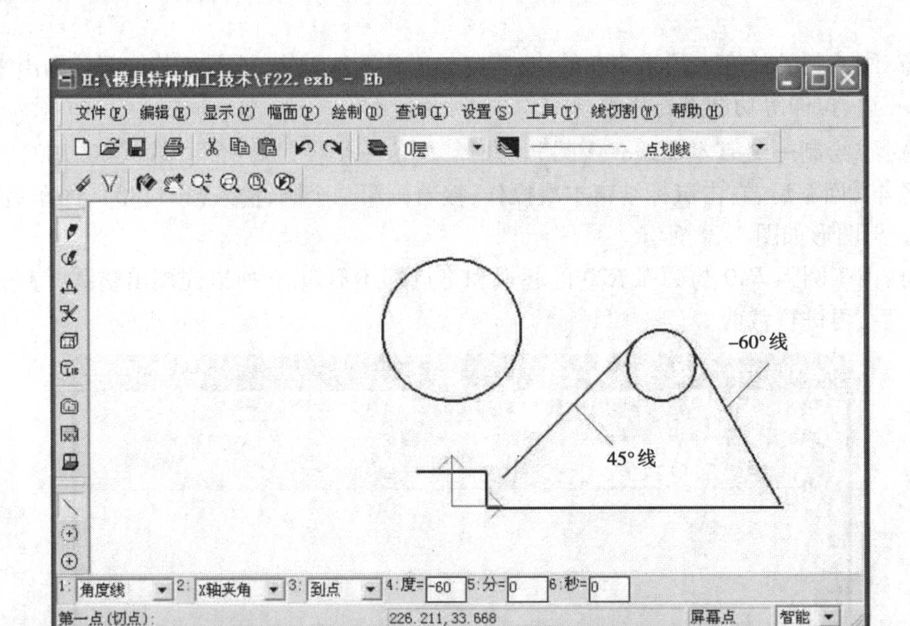

图 3.30 画角度切线

注意:选择切点时,只需找到大体位置,电脑会自动捕捉。在图 3.31 中,三切弧与线段 2 的延长线相切。

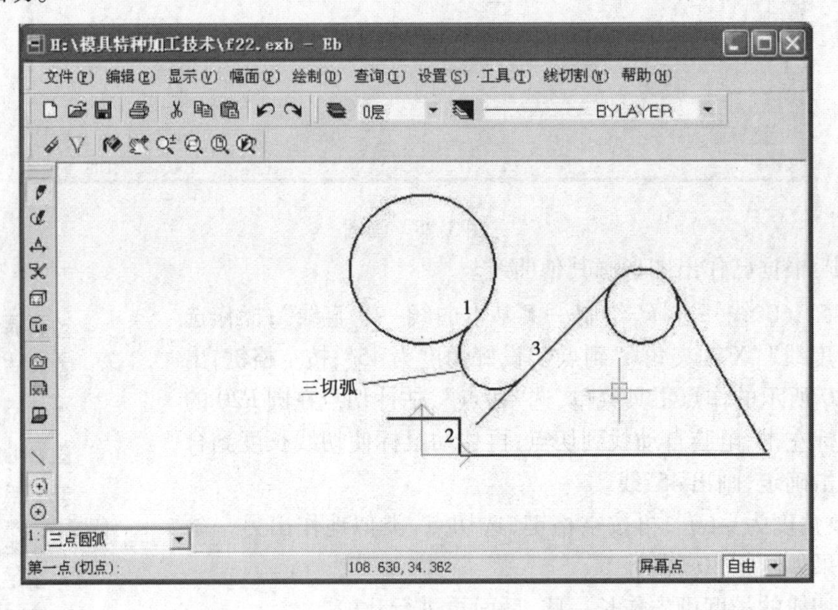

图 3.31 画三切弧

④作二切弧 $R10$。选择作弧方式为"两点—半径"。按空格键,选"切点",点击 60°线段;再按空格键,选"切点",点击下面水平线;移动鼠标使出现的圆弧方向符合要求,再用键盘输入半径 10,回车,作出二切弧如图 3.32 所示。

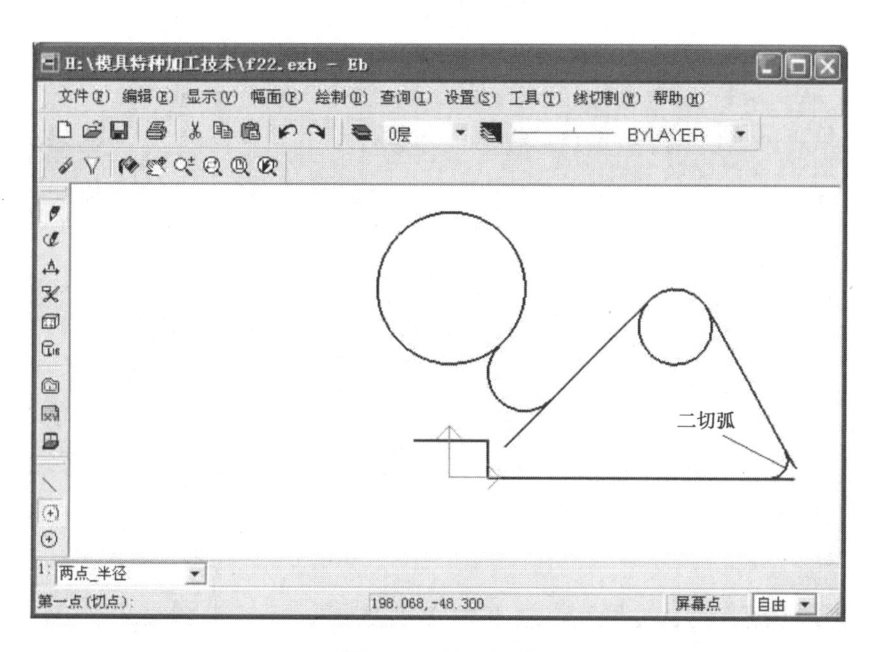

图 3.32　画二切弧

第三步:修整。选择"绘制—曲线编辑—裁剪"。选择"快速裁剪"。点击曲线多余的部分将其剪掉,如图 3.33 所示。裁剪后的图形如图 3.34 所示。

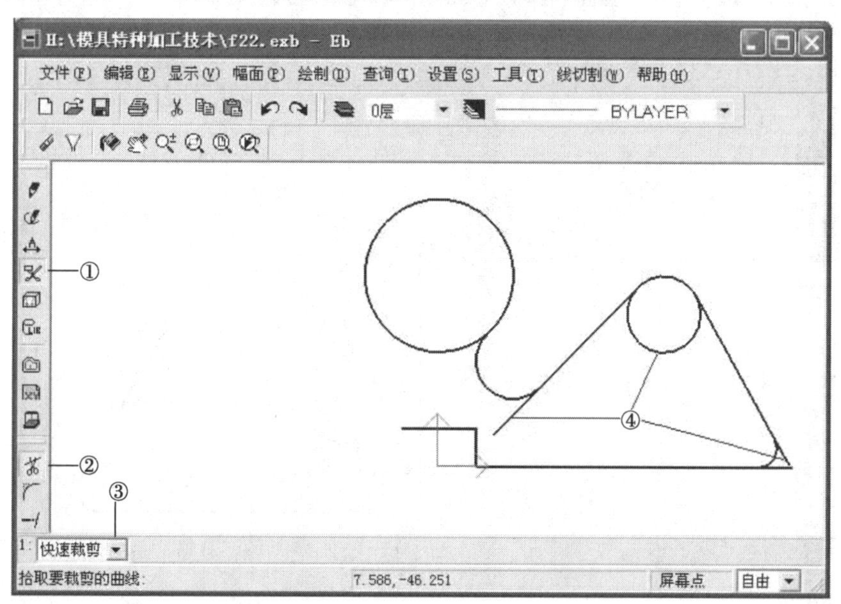

图 3.33　裁剪操作

第四步:利用"镜像"画另一半图形。

①作对称轴线。选择"绘制—基本曲线—直线",选择"两点线""单个""正交""点方式"。选择线型为点画线。"屏幕点"选"智能"。移动鼠标到"原点"点击,再向上移动鼠标,画出 Y 轴对称线,如图 3.35 所示。

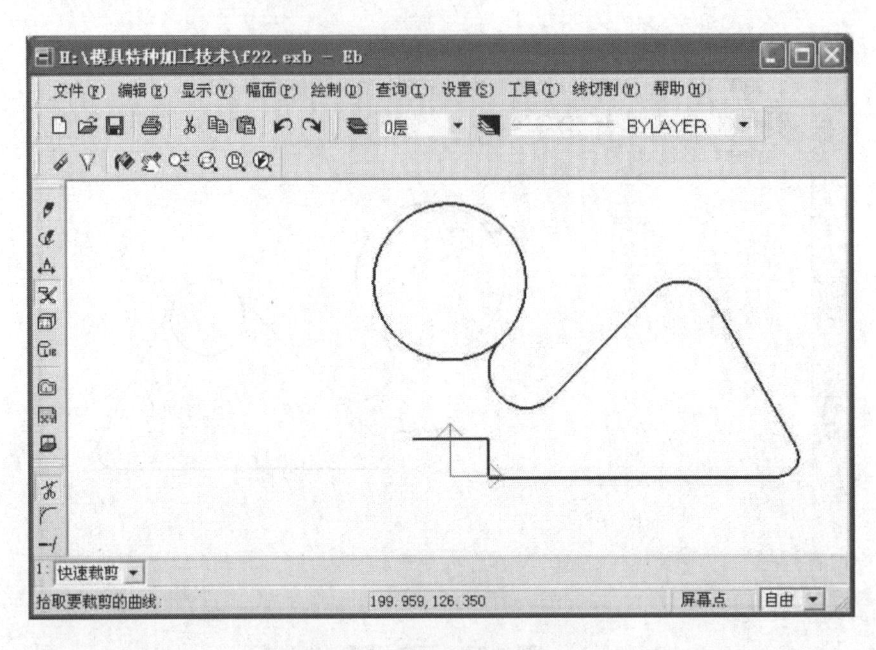

图 3.34　裁剪掉多余部分后

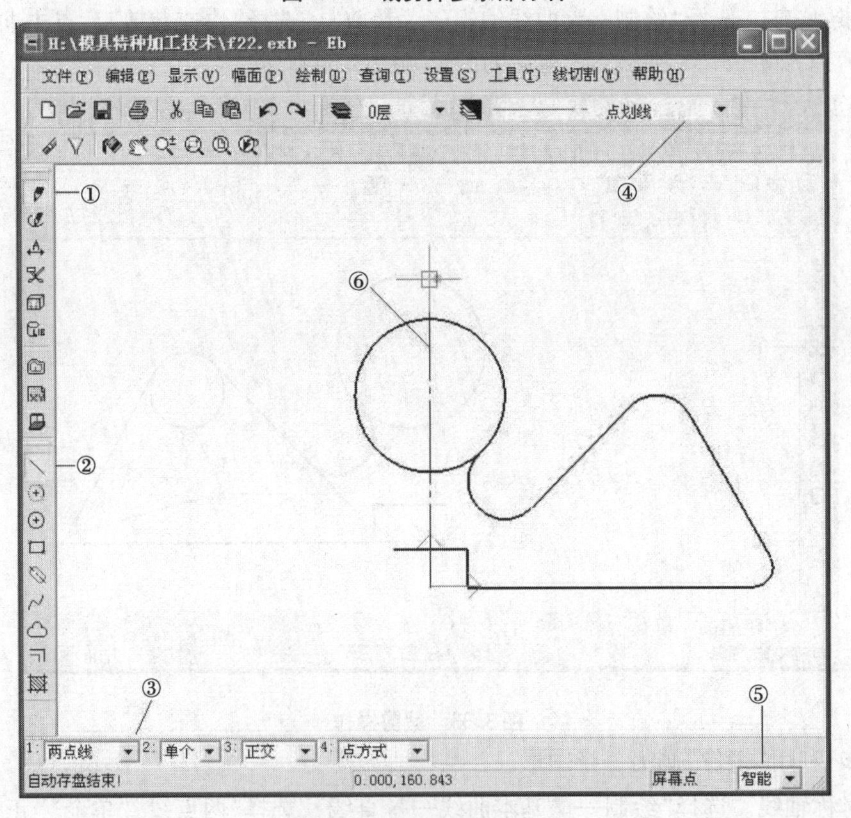

图 3.35　画对称轴线的步骤

②镜像。选择“绘制—曲线编辑—镜像”。选择“选择轴线”“拷贝”。状态栏提示“拾取元素”,左击需要进行镜像复制的曲线,被选中的曲线变为红色虚线,如图 3.36 所示。

回车,提示“选择轴线”,左击轴线,立即产生镜像图形,结果如图 3.37 所示。

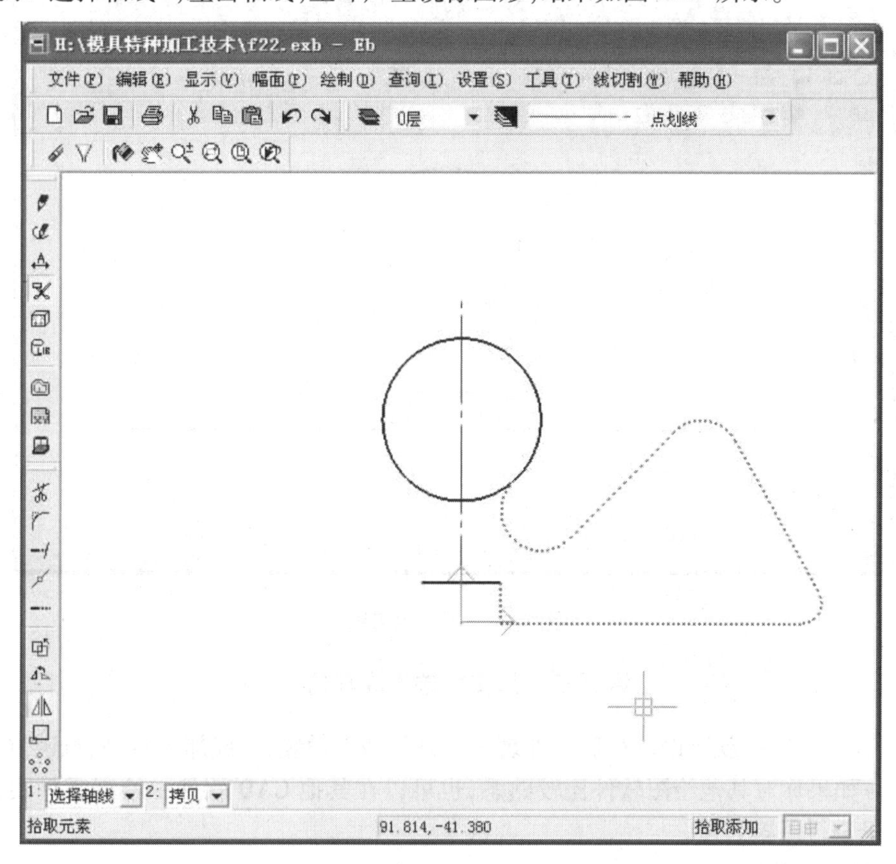

图 3.36　镜像拾取元素后成虚线

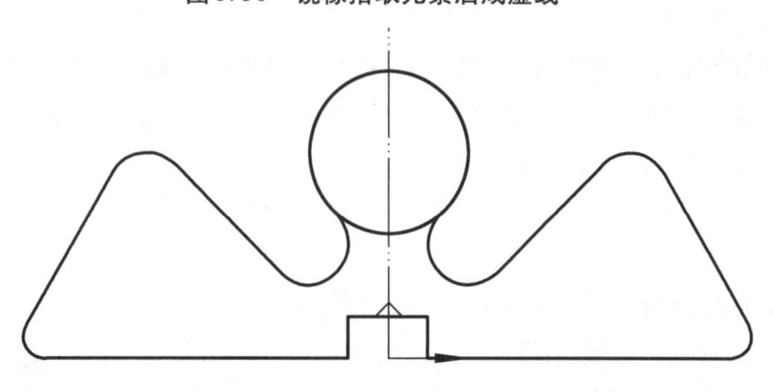

图 3.37　镜像画出左边部分

③再次修整。选择“绘制—曲线编辑—裁剪”,选择“快速裁剪”,修整圆 $R40$。为了后置处理时选择轮廓方便,删除与加工无关的对称线。修整后完成零件轮廓图形绘制,如图 3.38 所示。

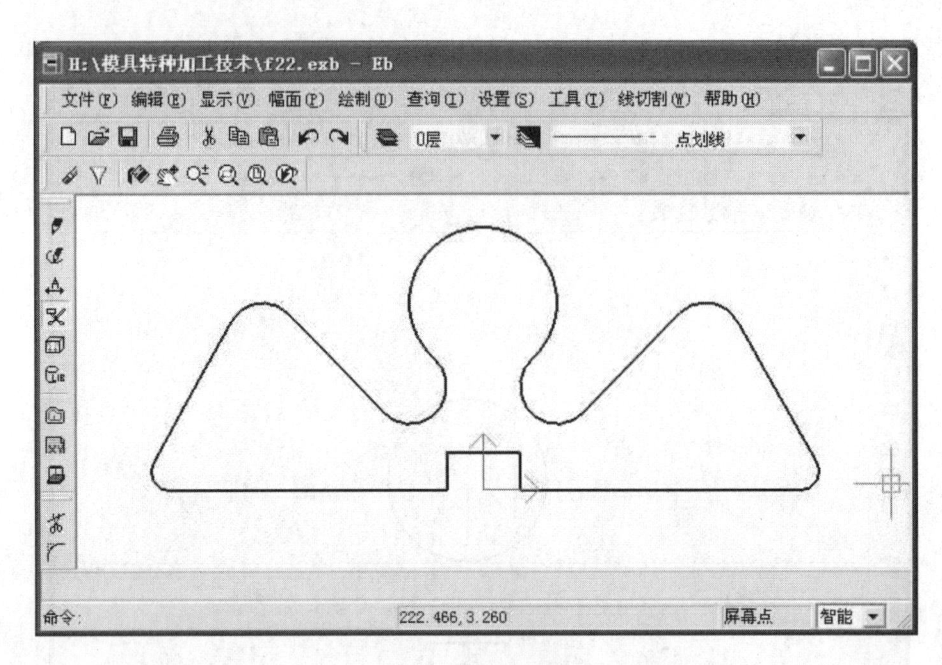

图 3.38 零件轮廓图

课题三 加工轨迹生成与仿真

绘制好零件图后,就可以进行后置处理——进行加工设置、生成加工轨迹、轨迹仿真、生成加工程序。如果你对其他绘图软件比较熟悉,也可以在其他 CAD 软件中绘制零件图,再导入到 CAXA 里进行后置处理。

一、生成加工轨迹

1. 绘制或导入零件图

线切割加工的图形是轮廓线,即一系列首尾相接的曲线的集合,这些轮廓线可以是开放的(不闭合),也可以是闭合的,但一条轮廓线不能相交,中间也不能有断点。

2. 选择"线切割"→"生成轨迹"

弹出参数对话框,设置切割参数和偏移补偿值,如图 3.39 所示。

(1)切入方式

直线:电极丝直接从穿丝点切割加工到起始段的起始点;

垂直:电极丝垂直切入到起始段上,若起始段上找不到垂足点,就自动用"直线"切入;

指定切入点:操作者在起始段上选一点,电极丝从穿丝点直线切割到所选点。

(2)圆弧进退刀

电极切入或退出零件加工起始点的方式采用圆弧过渡。

(3)加工参数

轮廓精度:用样条拟合曲线时的精度,数值越小精度越高。

切割次数:对需要粗加工、半精加工、精加工时,设定切割次数。快走丝线切割一般多采用一次成型。

支撑宽度:对多次切割,除最后一次外,前面的切割加工都不能把零件切下来,要留下一段

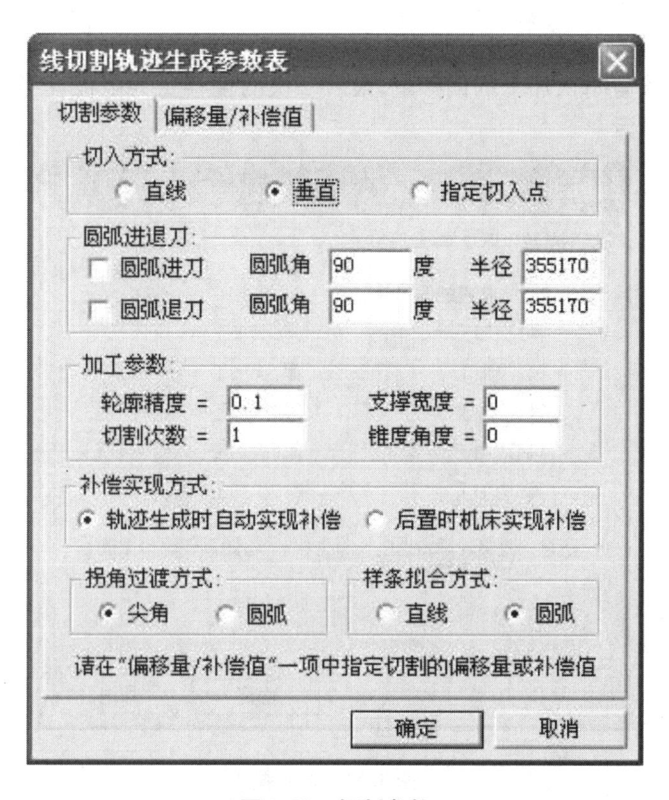

图 3.39　切割参数

来支撑零件,留下这段的宽度就是支撑宽度。

锥度角度:锥度加工时,电极丝的倾斜角度。

(4)补偿实现方式

选"轨迹生成时自动实现补偿"时,计算机计算加入偏移量后的加工轨迹,由此生成加工程序,通常选这种方式;选"后置时机床实现补偿"时,电脑按零件轮廓轨迹编程,在程序中加入 G41,G42 等补偿指令,程序运行时,由机床进行补偿。

(5)拐角过渡方式

尖角与圆角过渡方式如图 3.40 所示。

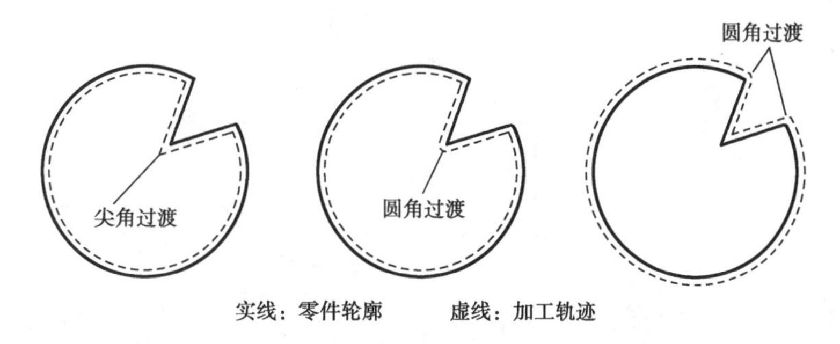

图 3.40　拐角过渡方式

(6)样条拟合方式

加工曲线时,用直线或圆弧来拟合曲线。

(7)偏移量设置

根据加工次数设置每次加工的偏移量,最后一次的偏移量为电极丝半径和放电间隙补偿量之和,如图 3.41 所示。

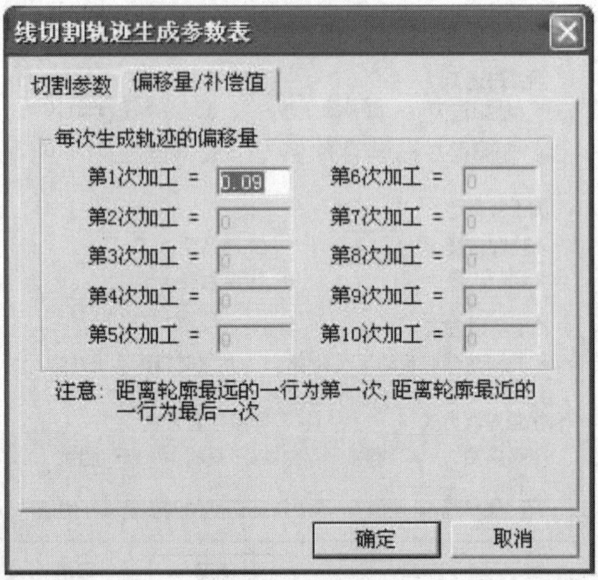

图 3.41 偏移量

3. 拾取轮廓

设置好参数,点击“确定”,提示“拾取轮廓”。用鼠标选择加工轮廓的第一段线,轮廓线上出现两个箭头,提示“请选择链拾取方向”,如图 3.42 所示。用鼠标点选其中一个箭头,电脑自动从这个方向搜索轮廓链,直到遇到断点或形成闭合回路。链拾取方向也是切割方向。

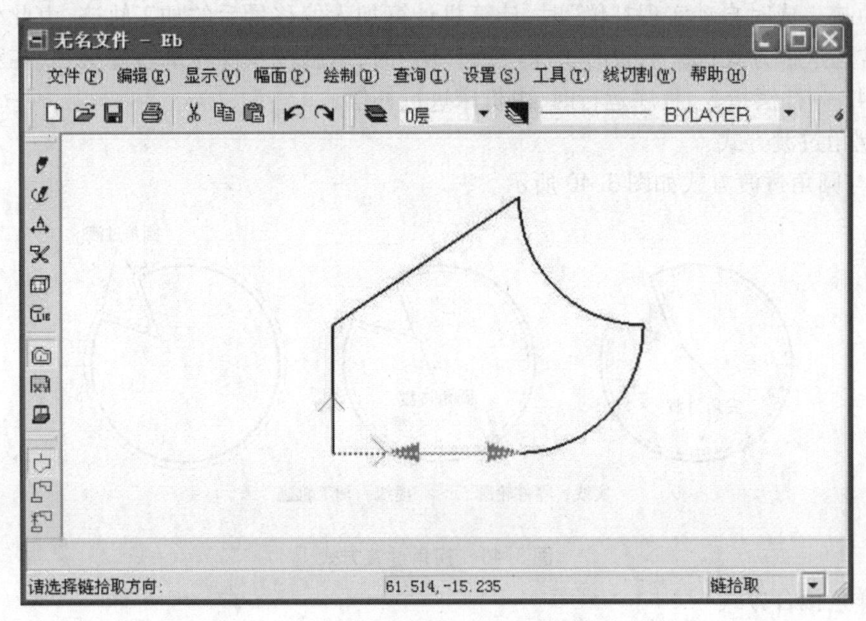

图 3.42 拾取轮廓选择加工方向

4. 选择补偿方向

选择链拾取方向后，又出现图3.43所示的箭头，提示"选择加工的侧边或补偿方向"，同样用鼠标点选补偿方向。

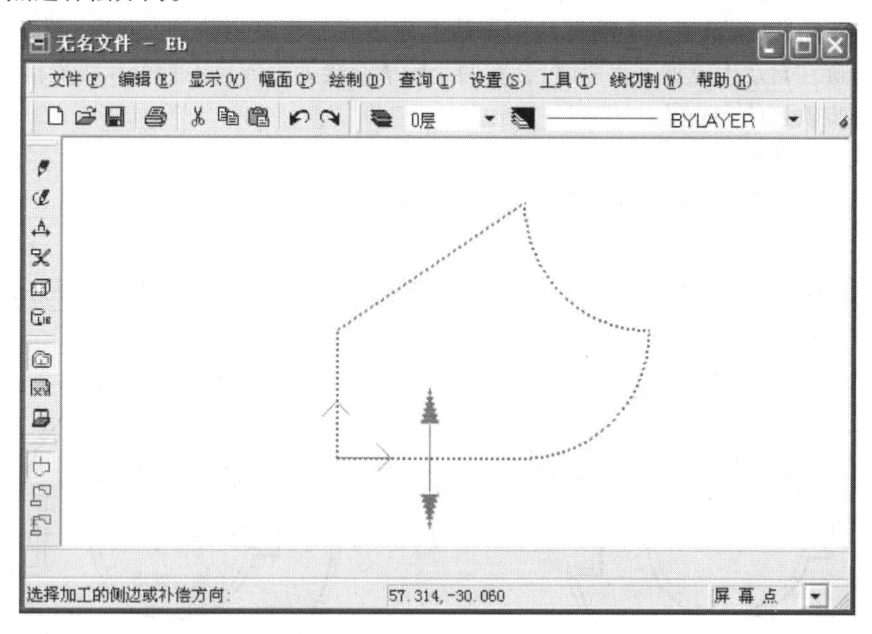

图3.43　选择补偿方向

5. 选择穿丝点(起丝点)与结束点

穿丝点可以用鼠标指定，也可以用键盘输入，选择穿丝点后，系统提示选择退出点，这时直接回车退出点与穿丝点重合。做完这步后，加工轨迹自动生成，如图3.44所示。

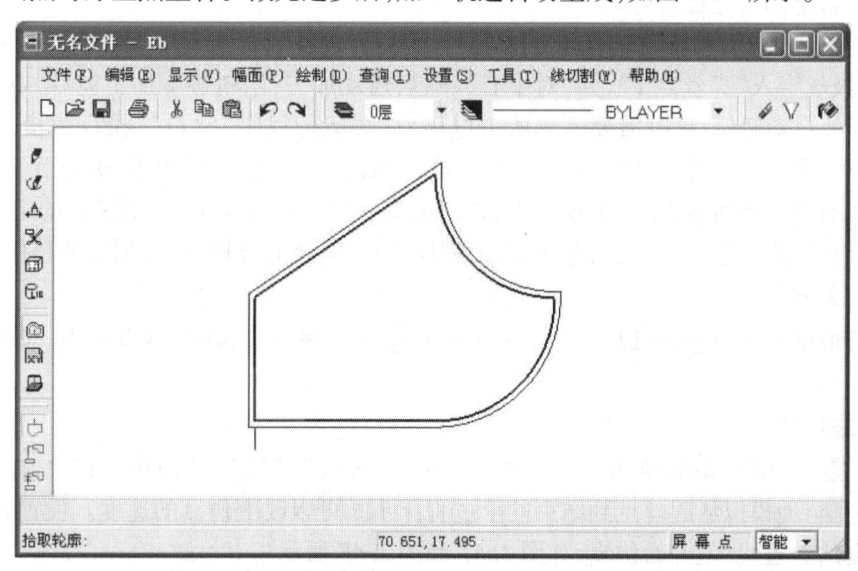

图3.44　加工轨迹

二、生成跳步轨迹

当工件由多个不连续轮廓线组成时,通常不能一次切割完成,每当加工完一个轮廓后,就要停下来,重新穿丝,再加工下一个轮廓。也就是说多个轮廓是分多步完成的,这就要跳步。

生成跳步轨迹,就是把多个轮廓的加工轨迹连接成一个跳步轨迹,进而生成一个加工程序。跳步轨迹在自动生成加工程序时,会在两个轮廓交接处生成暂停指令和跳步指令。

生成跳步轨迹的方法是:

1. 生成加工轨迹

分别生成各个加工轮廓的加工轨迹,如图 3. 45 所示。

2. 生成跳步轨迹

选择"线切割—轨迹跳步",提示"拾取加工轨迹"。根据工艺要求的顺序,依次选取加工轨迹,拾取完后再回车,即生成跳步轨迹,如图 3. 46 所示。

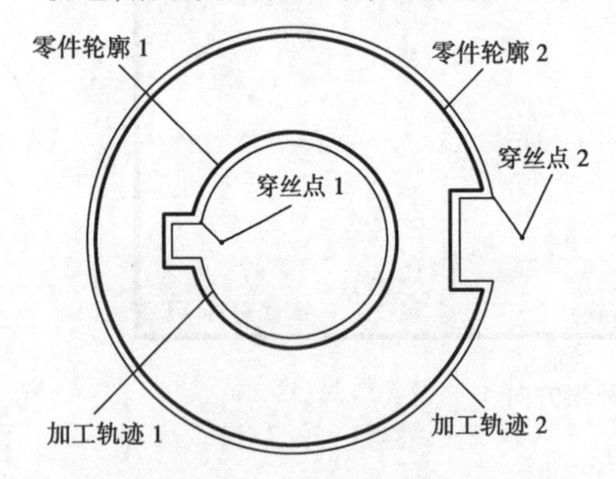

图 3. 45　分别生成加工轨迹

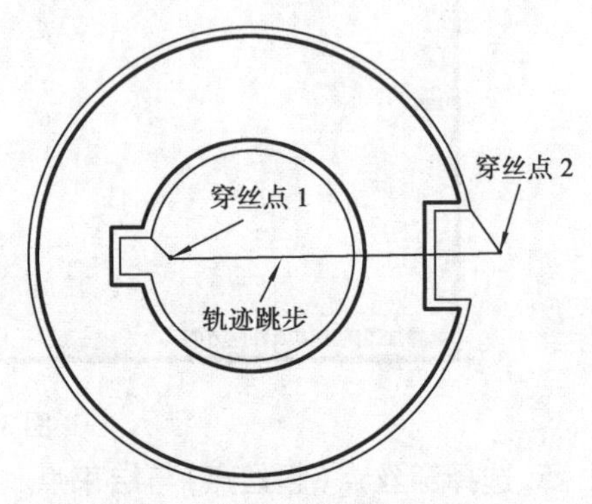

图 3. 46　生成跳步加工轨迹

3. 跳步轨迹加工过程

为了进一步理解"跳步轨迹",我们来看一下跳步轨迹加工过程。以图 3. 46 为例,加工时,先把电极丝穿入"穿丝点 1",并"对中心",然后启动加工,当轨迹 1 加工完后,电极丝回到"穿丝点 1"处自动暂停;这时需要手工取下电极丝,再运行程序"空走",执行跳步,电极丝自动移动到下一个穿丝点停下,即"穿丝点 2";然后重新穿丝,再次运行程序,接着沿下一个轨迹加工。如果有更多的跳步,重复上述过程,直到加工完成。跳步加工中,电极丝的定位(对丝)只在第一个穿丝点上进行,以后的穿丝点,由程序定位,简化对丝操作,又能保证零件各个轮廓之间的形位公差。

如果要取消跳步轨迹,可以选择"线切割—取消跳步",拾取跳步轨迹,回车,即可取消跳步。

三、轨迹仿真

选择"线切割—轨迹仿真",操作选项可选"连续"和"静态"两种。其中,在连续方式下,系统将完整地模拟从起丝点到结束的全过程。步长可以改变仿真的速度。设置好选项后,点击要仿真的轨迹线,就开始仿真,如图 3. 47 和图 3. 48 所示。

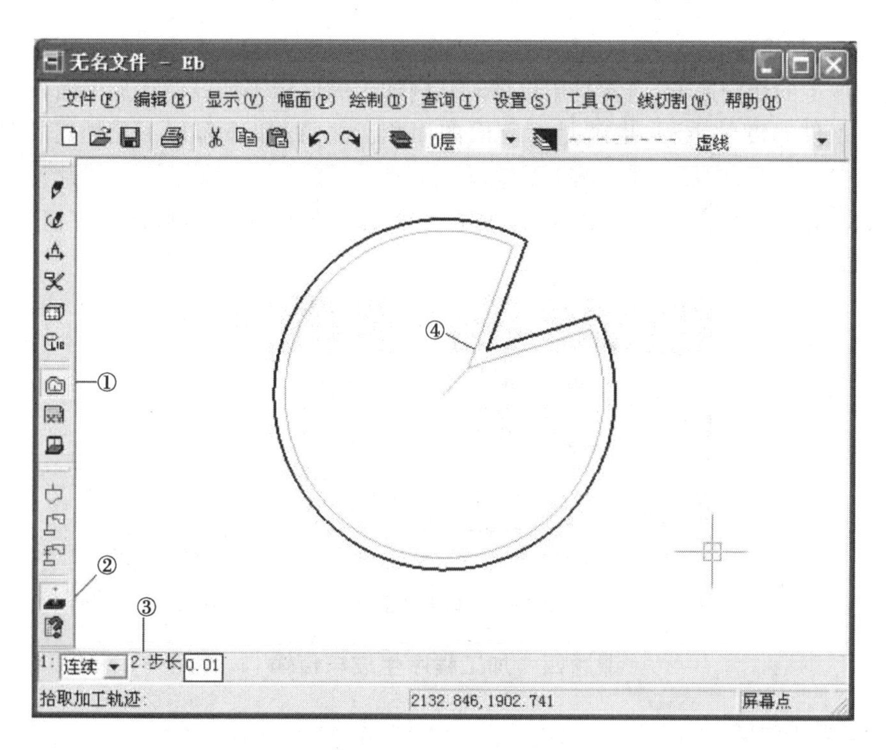

图 3.47 仿真操作

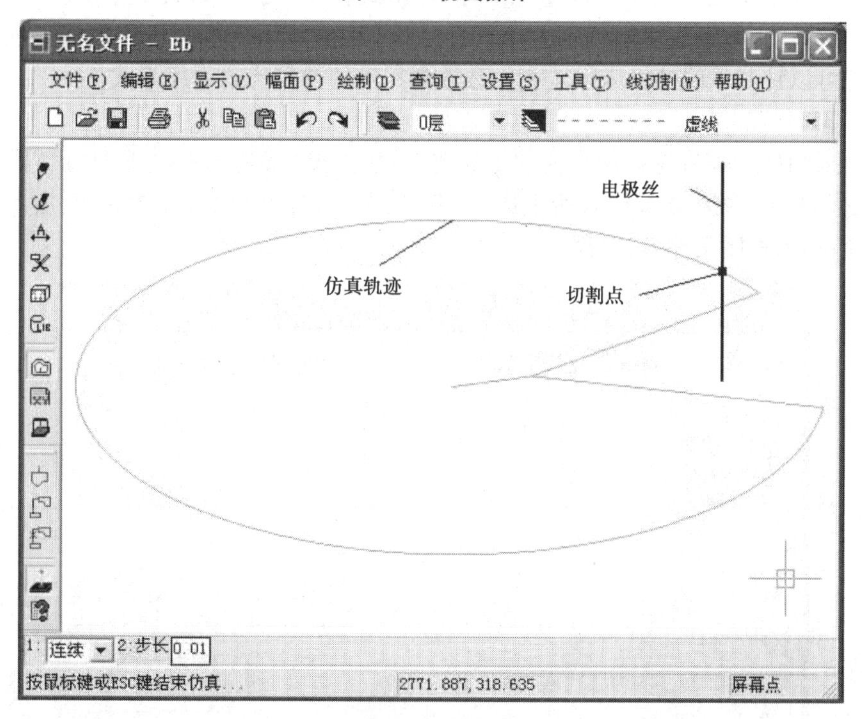

图 3.48 仿真

四、查询切割面积

线切割加工的切割速度，通常是用单位时间内加工的面积来计算的。加工面积，是指加工轨迹长度与工件厚度的乘积，也就是切割面的面积。注意：加工面积不是轨迹围成图形的面积。

点击"线切割—查询面积"，拾取加工轨迹，输入工件厚度，则弹出计算切割面积结果的对话框，如图 3.49 所示。

图 3.49 查询切割面积

课题四 加工程序生成与传输

一、生成加工程序

生成加工程序功能是把加工轨迹转化为 3B 格式程序，或 4B 格式程序，或 ISO 格式 G 代码程序，以便输入到数控线切割机床进行加工。为了生成能用于不同机床的加工程序，CAXA 线切割软件可以针对不同的机床设置相应参数和特定的数控代码程序格式。

1. 生成 3B 代码

首先根据画好的零件轮廓图生成加工轨迹，然后选择"线切割—生成 3B 代码"，弹出"生成 3B 加工代码"对话框，要求输入所生成的 3B 代码的程序文件名，如图 3.50 所示。选择程序保存路径，输入程序文件名，保存。

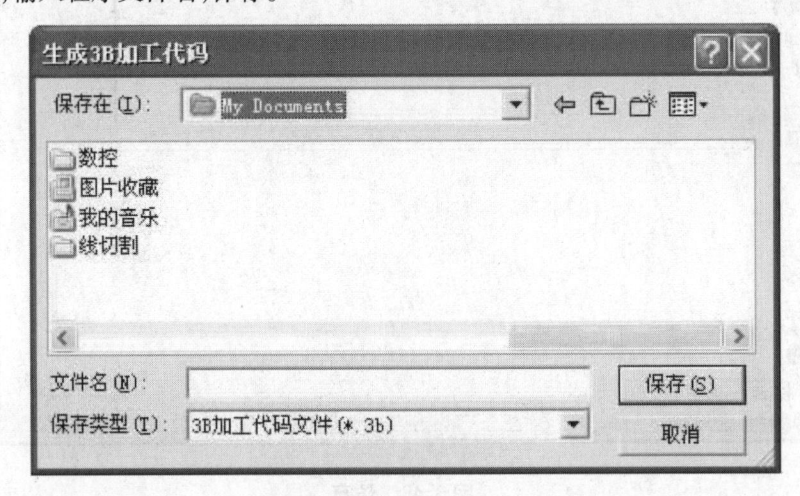

图 3.50 输入程序文件名

输入文件名确认后，系统提示"拾取加工轨迹"。此时还可以进行操作选项设置，如图

3.51所示。当拾取到加工轨迹后,该轨迹变为红色虚线。拾取完成后回车,系统即生成数控程序。如果选择了“显示代码”,生成数控程序后系统会自动调用记事本打开程序,如图 3.52 所示。

可以一次拾取多个加工轨迹。当拾取多个加工轨迹同时生成加工代码时,各轨迹之间按拾取的先后顺序自动实现跳步。这与先生成跳步轨迹再生成加工代码相比,该种方法各轨迹保持相互独立,生成跳步轨迹后,各轨迹连成一个轨迹,当然最后加工代码是一样的。

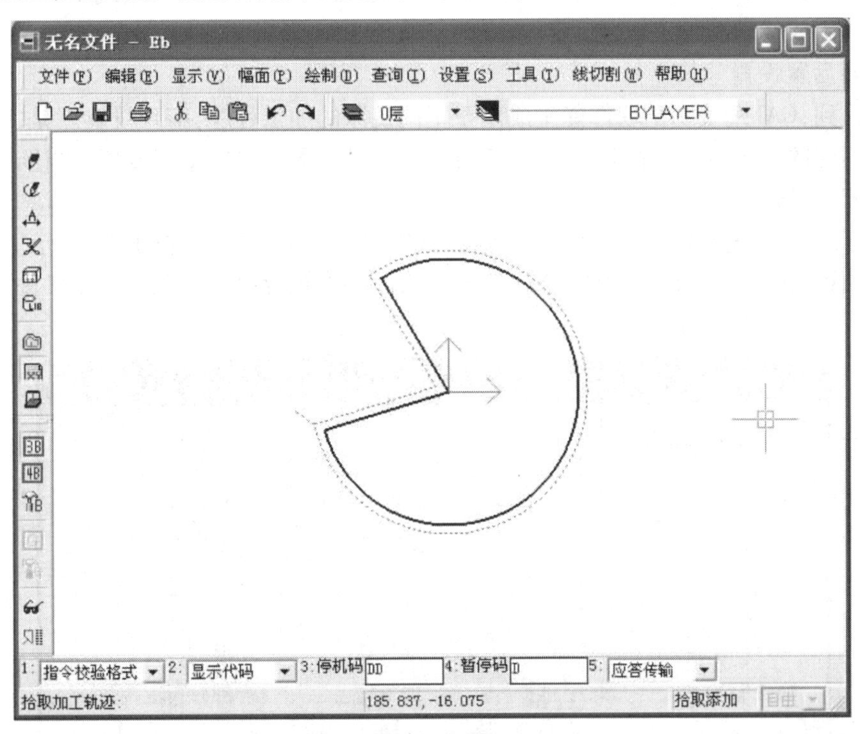

图 3.51　拾取加工轨迹

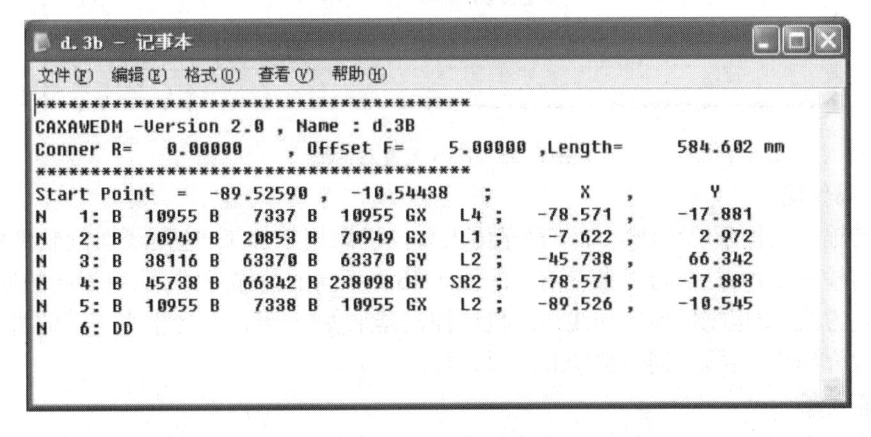

```
d.3b - 记事本
文件(F) 编辑(E) 格式(O) 查看(V) 帮助(H)
********************************************
CAXAWEDM -Version 2.0 , Name : d.3B
Conner R=    0.00000    , Offset F=    5.00000 ,Length=     584.602 mm
********************************************
Start Point  =   -89.52590 ,   -10.54438   ;        X   ,      Y
N   1: B  10955 B   7337 B  10955 GX   L4 ;   -78.571 ,   -17.881
N   2: B  70949 B  20853 B  70949 GX   L1 ;    -7.622 ,     2.972
N   3: B  38116 B  63370 B  63370 GY   L2 ;   -45.738 ,    66.342
N   4: B  45738 B  66342 B 238098 GY  SR2 ;   -78.571 ,   -17.883
N   5: B  10955 B   7338 B  10955 GX   L2 ;   -89.526 ,   -10.545
N   6: DD
```

图 3.52　3B 加工程序

2. 生成 4B/R3B 代码和 G 代码

CAXA 线切割软件还可以生成 4B/R3B 代码,CAXA 线切割 V2 版还可以生成 ISO 格式 G

代码,其操作方法与生成3B代码相似,这里就不讲了,读者可以自行试验。

3. 校核 B 代码

校核 B 代码就是利用 B 代码文件反过来产生线切割加工轨迹图形,以检查该程序代码是否正确。

操作时,单击B(校核 B 代码)按钮,弹出“选取数控程序”的对话框;在此对话框中的“文件类型”栏中可切换“3B”或“4B”格式;选择需要校对的 B 代码程序,打开,系统根据程序 B 代码立即恢复生成线切割加工轨迹。

4. R3B 后置设置

前面提到,CAXA 线切割软件能生成用于不同机床的加工程序,R3B 设置就是完成此功能的。由于不同的机床,可能对其 R3B 代码存在一些差异,通过对它进行设置,可让计算机输出与机床匹配的 R3B 代码。

选择“线切割—R3B R3B 后置设置”,弹出“R3B 设置”对话框,如图 3.53 所示。对话框中列出了 3B 代码的命令,用户可根据各自的需要修改相应的命令后,单击“添加”按钮,将设置的 R3B 命令添加到序列中。

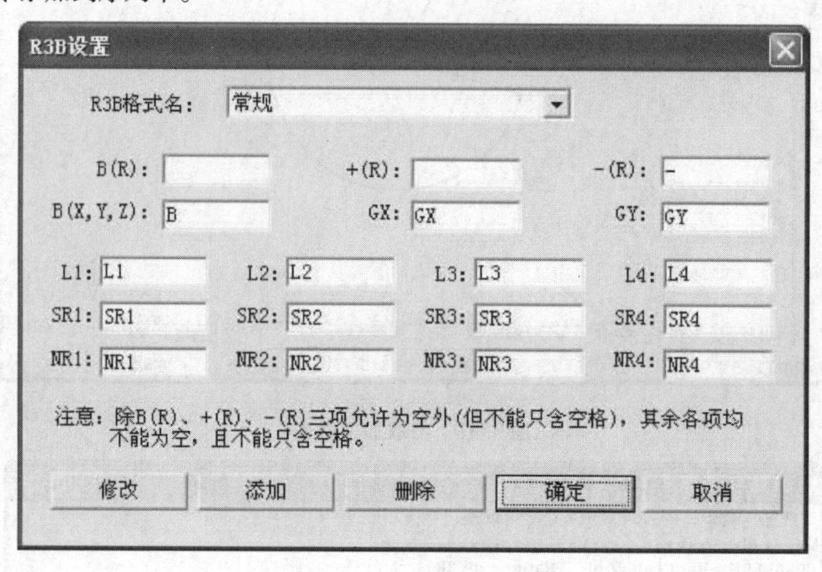

图 3.53　R3B 设置对话框

二、代码传输

代码传输就是把系统生成的加工程序传入数控机床用于加工,这是线切割软件的最终目的。代码传输有多种方式,可以参考前面的图 3.18。不同的传输方式,采用不同的通信协议。用什么传输方式,要根据所使用的线切割机床控制器来决定,可以参考生产厂家的机床操作手册。这里仅介绍应答传输、同步传输和串口传输。

1. 应答传输

将生成的 3B 或 4B 加工代码以模拟电报头读纸带的方式传输给线切割机床。此方式适用于以电报头方式进行通信的机床。操作如下:

①选择“线切割—代码传输—应答传输”,弹出“选择传输文件”对话框,如图 3.54 所示。

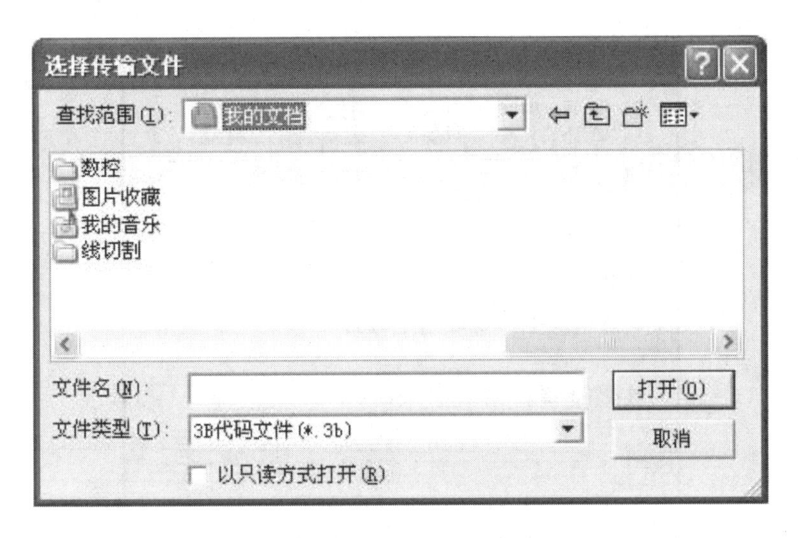

图3.54　选择传输文件对话框

②选取需要传输的程序文件后,单击“打开”按钮。

③提示“按键盘任意键开始传输(Esc键退出)”,按任意键。

④提示“正在检测机床信号状态”,此时系统正在确定机床发出的信号的波形,并发送测试码。这时操作机床,让机床读入纸带,如果机床发出的信号显示状态正常,系统的测试码被正确发送,即正式开始传输文件代码,并提示“正在传输”;如果机床的接收信号(读纸带)已经发出,而系统总处于检测机床信号的状态,不进行传输,则说明计算机无法识别机床信号,此时可按“Esc”键退出。系统传输的过程可随时按“Esc”键终止传输。如果传输过程中出错,系统将停止传输,提示“传输失败”,并给出失败信号。

⑤停止传输后,系统提示“按任意键退出”,此时按任意键结束。

注意:执行传输程序前,要连接好计算机与机床的电缆。电缆插拔时,一定要关闭计算机与机床的电源,并确保机床的输出电压(为5 V)与计算机匹配。机床要做好接收准备。

2. 同步传输

用模拟光电头的形式,将生成的3B加工代码快速同步传输给线切割机床。适用于以光电头进行通信的机床。具体操作如下。

①选择“线切割—代码传输—同步传输”,弹出“选择传输文件”对话框。选取需要传输的程序文件后,单击“打开”按钮。

②系统提示“按键盘任意键开始传输”。机床做好接收准备,按任意键,开始传输。

③停止传输后,系统提示“按键盘任意键退出”,按任意键,结束命令。

3. 串口传输

利用计算机串口将生成的加工代码快速传输给线切割机床。操作如下:

①选择“线切割—代码传输—串口传输”,弹出“串口传输”对话框,要求输入串口传输的参数,如图3.55所示。

这些参数要根据线切割机床接收器的要求进行设置,具体设置可参考机床厂家操作手册。

②输入参数后,单击“确认”按钮,即弹出“选择传输文件”的对话框。

③选取需要传输的程序文件后,单击“打开”按钮。系统提示“按键盘任意键开始传输”,

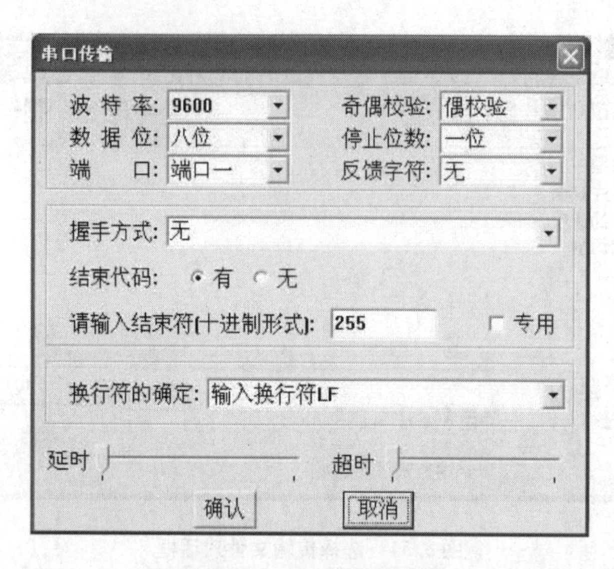

图 3.55 串口传输对话框

机床做好接收准备,按任意键,开始传输。

④停止传输后,系统提示"按键盘任意键退出",按任意键,结束命令。

项目四　电火花成型加工

项目内容

①电火花成型加工设备。
②电火花成型加工工艺。
③电火花成型加工操作。
④电火花成型加工安全文明生产。

项目目的

学会电火花成型加工操作,基本掌握电火花成型加工工艺。

项目实施

任务一　电火花成型加工设备

课题一　电火花成型加工机床主体

电火花加工机床设备在最近的几年内有了很大的发展,且种类繁多。不同企业生产的电火花加工机床在机床设备上有所差异。常见的电火花加工机床组成包括:机床主体、控制柜、工作液循环过滤系统等几个部分,另外还有一些机床的附件,如平动头、角度头等。图4.1所

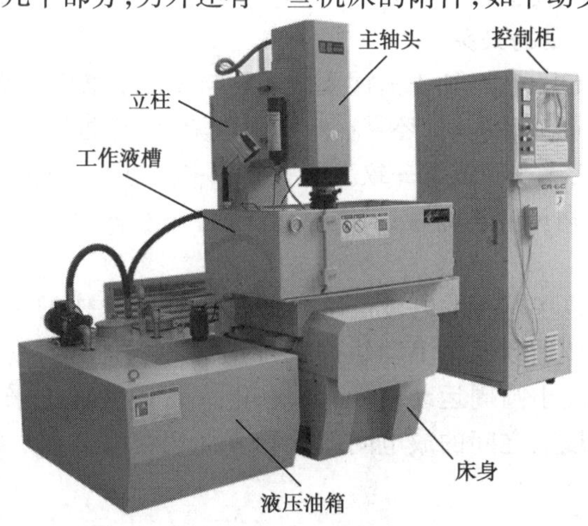

图4.1　电火花成型加工机床

示为一种典型的电火花成型加工机床。

机床主体是机床的机械部分,用于夹持工具电极及支承工件,保证它们的相对位置,并实现电极在加工过程中的稳定进给运动。机床主体主要由床身、立柱、主轴头、工作台及润滑系统组成。

一、床身和立柱

床身和立柱为机床的基础件,立柱与纵横拖板安装于床身上,变速箱位于立柱顶部,主轴头安装在立柱的导轨上。床身和立柱必须具有足够的刚性以尽可能减少床身和立柱的变形,这样才能保证电极和工件在加工过程中的相对位置,保证加工精度。

二、工作台

工作台主要用于支撑装夹工件。在实际加工中,通过转动纵横向丝杆来改变电极和工件的相对位置。工作台上装有工作液箱,用以容纳工作液,使电极和工件浸泡在工作液中进行放电加工。工作台是操作者在装夹找正时经常移动的部件,通过两个手轮来移动上下拖板,改变纵横向位置,达到电极和被加工件间所要求的相对位置。

三、主轴头

主轴头是电火花穿孔成型加工机床的一个关键部件,它的结构由伺服进给机构、导向和防扭机构、辅助机构三部分构成。它控制工件在工具电极之间的放电间隙。

主轴头的质量直接影响加工的工艺指标,如生产率、几何精度以及表面粗糙度,因此主轴头除结构之外,还必须满足以下几点:

①保证加工稳定性,维持最佳放电时间,充分发挥脉冲电源的能力。

②放电过程中,发生暂时的短路或起弧时,要求主轴能迅速抬起使电弧中断。

③为满足精密加工的要求,需保证主轴移动的直线性。

④主轴应有足够刚性,使电极上不均匀分布的工作液喷射力所造成的侧面位移最小,并且还要具备能承受大电极的安装而不致损坏主轴的防扭机构。

⑤主轴应有均匀的进给而无爬行,在侧向力和偏载力作用下仍能保持原有的精度和灵敏度。

四、主轴头和工作台的主要附件

1. 可调节工具电极角度的夹头

装夹在主轴下的工具电极,在加工前需要调节到与工件基准面垂直,这一功能的实现通常采用球面铰链;在加工型孔或型腔时,还需在水平面内调节、转动一个角度,使工具电极的截面形状与加工出的工件型孔或型腔位置一致。这主要靠主轴与工具电极安装面的相对转动机构来调节,垂直度与水平转角调节正确后,采用螺钉拧紧。

2. 平动头

平动头是一个能使装在其上的电极产生向外机械补偿动作的工艺附件,工作时利用偏心机构将伺服电极的旋转运动通过平动轨迹保持机构,使电极上每一个质点都能围绕其原始位置在水平面内作平面小圆周运动。平动头在电火花成型加工采用单电极加工型腔时,可以补偿上下两个加工规准之间的放电间隙差和表面粗糙度之差,以达到型腔侧面修光的目的。

3. 油杯

在电火花加工中,油杯是实现工作液冲油或抽油强迫循环的一个主要附件,其侧壁和底边上开有冲油孔和抽油孔，电蚀产物在放电间隙通过冲油和抽油排出。因此油杯结构的好坏对加工效果有很大影响。工作液在放电加工时分解产生气体（主要是氢气），如果不能及时排出而存积在油杯里，在电火花放电时就会产生放炮现象，造成工具和电极的位移，影响被加工工件的尺寸精度。因此油杯通常有以下几点要求：

①油杯要有合适的高度，在长度上能满足加工较厚工件的电极，在结构上应满足加工型孔的形状和尺寸要求。油杯的形状一般有圆形和长方形两种，必须具备冲油和抽油的条件，但不能在顶部积聚气泡。为此，抽油抽气管应紧挨在工件底部，如图 4.2 所示。

②油杯的刚度和精度要好，根据实际加工需要，油杯两端平面度一定不能超过 0.01 mm，同时密封性要好，防止出现漏油现象。

③图 4.2 中油杯底部的抽油孔，如果底部安装不方便，也可安置在靠底部侧面，也可省去抽油抽气管和底板，而直接安置在油杯侧面的最上部。

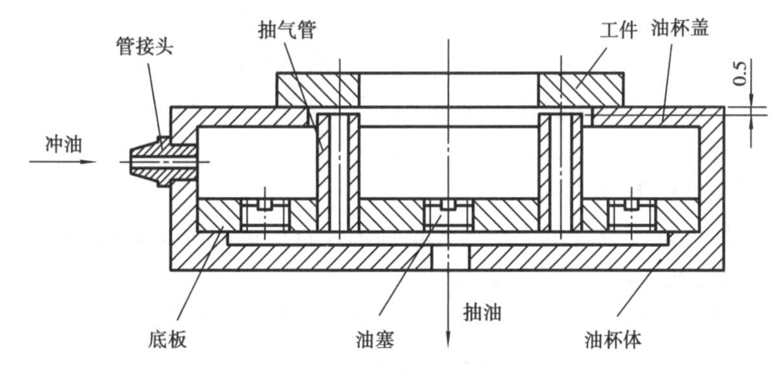

图 4.2　油杯结构图

课题二　电火花成型加工其他部件

一、脉冲电源

脉冲电源是电火花加工机床的重要组成部分。脉冲电源输出的两端分别与电极和工件连接。在加工过程中向间隙不断输出脉冲，当电极和工件达到一定间隙时，工作液被击穿而形成脉冲火花放电。由于极性效应，每次放电而使工件材料被蚀除。电极向工件不断进给，使工件被加工至要求形状。由于在概述中已作介绍，这里就不再赘述。

二、工作液循环系统

电火花加工一般是在液体介质中进行的，液体介质主要起绝缘作用，而液体的流动又起到排出电蚀产物和热量的作用。

附着加工的进行，工作液中炭黑和微小金属颗粒的含量逐渐增加，将使工作液成为具有一定电阻的导电液体，可能导致电弧。所以工作液循环系统应有过滤功能，通过过滤使工作液始终保持清洁而具有良好的绝缘性能。

目前广泛使用纸芯过滤器，其优点是过滤精度较高，阻力小，更换方便，耗油量小，特别适用于大、中型电火花加工机床，且经反冲或清洗仍可继续使用。纸芯过滤器一般可连续应用 250 ~ 500 h。

在线切割加工中，由于电极丝的运动，帮助工作液进入加工放电隙，起到绝缘、排屑、冷却作用。而电火花成型加工中,如果采用自然循环,电蚀产物不易排出,所以一般采取强迫循环方式。强迫循环常用的方法有:冲油、抽油、喷射等。

①强迫冲油:将清洁的工作液强迫冲入放电间隙,工作液连同电蚀产物一起从电极侧面间隙排出。这种方法排屑力强,但电蚀产物通过已加工区,排除时形成二次放电,容易形成大的间隙和斜度。此外,强力冲油对自动调节系统是一种严重干扰。过大的冲油会影响加工的稳定性。

②强迫抽油:将工作液连同电蚀产物经过电极的间隙和工件的待加工面被吸出。这种排屑方式可得到较高的加工精度,但排屑力较强迫冲油方式小。强迫抽油不能用于粗加工,因为强迫电蚀产物经过加工区域抽出困难。

三、伺服进给系统

在电火花加工过程中,电极和工件之间必须保持一定的间隙,但是由于放电间隙很小,而且与加工面积、工件蚀除速度等有关,因此电火花加工的进给速度既不是等速的,也不能靠人工控制,而必须采用伺服进给系统。这种不等速的伺服进给系统也称为自动进给装置。电火花加工机床的伺服进给系统的功能就是在加工过程中始终保持合适的火花放电间隙。伺服进给系统安装在主轴头内。

1. 对伺服进给系统的要求

电火花加工机床的伺服进给系统是电火花机床设备中的重要组成部分,它的性能将直接影响加工质量,因此对其通常有以下几点要求:

①高度的灵敏性。电火花的加工状态随电极材料、极性、工作液、电规准以及加工方式的不同而不同,自动调节器应该能够适应各种状态下的间隙特性。

②运动特性要适应各种加工状态。

③在加工过程中,各种异常放电经常发生,自动调节器要对各种异常放电有所反应,调整、滞后尽量要小。

④要有较好的稳定性和抗干扰能力。

2. 伺服进给系统驱动类型有

①电液压式:已淘汰。

②步进电机:价廉,调速性能稍差,用于中小型数控机床。

③宽调速力矩电动机:价高,调速性能好,用于高性能电火花机床。

④直流伺服电动机:用于大多数电火花成型加工机床。

⑤交流伺服电动机:无电刷,力矩大,寿命长,用于大、中型和高档电火花成型加工机床。

四、数控系统

电火花成型加工的控制参数多、实时性要求高,加工中要监测放电状态来控制伺服进给和回退,同时还要控制抬刀和摇动,这些都是实时进行的,并且要依据放电状态的好坏来实时调整控制参数。另外,电火花成型加工的工艺性也非常强(影响因素多、随机性大)。

将普通电火花机床上的移动或转动改为数控之后,会给机床带来巨大的变革,使加工精度、加工的自动化程度、加工工艺的适应性、多样性(称为柔性)大为提高;使操作人员大为省力、省心,甚至可以实现无人化操作。数控化的轴越多,加工的零件可以越是复杂。

国内数控技术发展非常快,但与发达国家相比还有较大差距。总的来看,数控系统正朝着开放式体系结构、高速、高精、高效化、柔性化、软件化、智能化等方向发展。

数控电火花加工机床有 X,Y,Z 三个坐标轴。高档系统,还有三个转动的坐标轴。其中绕 Z 轴转动的称 C 轴,C 轴运动可以是数控连续转动,也可以是不连续的分度转动或某一角度的转动。

一般冲模和型腔模,采用单轴数控和平动头附件即可进行加工;复杂的型腔模,需采用 X,Y,Z 三轴数控联动加工。加工须在圆周上分度的模具或加工有螺旋面的零件或模具,需采用 X,Y,Z 轴和 C 轴四轴多轴联动的数控系统。

数控进给伺服系统有开环控制系统、半闭环控制系统和闭环控制系统三种。

1. 开环进给伺服系统

这是数控机床中最简单的伺服系统。开环进给伺服系统没有反馈信号,数控装置发出的指令脉冲,送到步进电动机,通过齿轮副和丝杠螺母副带动机床工作台移动。由于没有检测反馈装置,执行机构是否完成了指令,数控系统无从得知,也就无法补偿,所以精度比较低。但由于其结构简单,易于调整,在精度要求不太高的场合中应用仍然比较广泛。

2. 闭环控制系统

闭环控制系统是采用直线型位置检测装置(如直线感应同步器、长光栅等)对数控机床工作台位移进行直接测量,并将测量的实际位置反馈到输入端与指令位置进行比较。如果两者存在偏差,将此偏差信号放大,并控制伺服电动机带动数控机床移动部件朝着消除偏差的方向进给,直到偏差等于零为止。

由于闭环控制系统将数控机床本身包括在位置控制环之内,因此机械系统引起的误差可由反馈控制得以消除,但数控机床本身的固有频率、阻尼、间隙等因素的影响,增大了设计和调试的困难。闭环控制系统的特点是精度高、系统结构复杂、制造成本高、调试维修困难,一般适合于大型精密机床。

3. 半闭环控制系统

半闭环控制系统不是直接检测工作台的位移,而是检测丝杠或步进电机轴,所以半闭环控制系统的精度比闭环系统要差一些,但驱动功率大,快速响应好,因此适用于各种数控机床。半闭环控制系统的机械误差,可以在数控装置中通过间隙补偿和螺距误差补偿来减少系统误差。

半闭环控制系统采用旋转型角度测量元件,如脉冲编码器、旋转变压器、圆感应同步器等,来进行检测,并将检测结果反馈回数控系统。

五、电火花机床控制柜

电火花机床控制柜是用于操作电火花加工机床的设备,通过输入指令进行加工的。控制柜按功能不同而有所区别,有些控制柜只有各种触摸式控制按钮,而没有显示屏;而另外一些机床则配置了电脑屏幕的控制柜,它通过一个键盘来输入指令。一般中型或大型机床还会配置一个手控盒。

任务二 电火花加工工艺

课题一 电火花加工中的异常放电及预防

在电火花加工过程中,工件和电极通过火花放电所产生的高温来蚀除,工具电极被蚀除产生电极损耗,工件被蚀除从而达到放电加工的目的。蚀除的产物包括固相的和气相的,同时伴有声波和射频波辐射。

正常的火花放电过程一般认为是击穿—介质游离—放电—放电结束—绝缘恢复。过去认为在电火花稳定加工的状态下不会产生异常放电现象,但试验表明即使在非常稳定的加工状态下也会产生异常放电,只不过此时的异常放电现象微弱而短暂。在加工过程中,并不是所有的脉冲都放电加工,进给速度越快,脉冲利用率就越高,但产生异常放电的概率也就越大。异常放电主要有烧弧、桥接、短路等几种形式。

一、烧弧

烧弧是电火花加工时最常见,也是破坏性最大的异常放电形式。轻者影响加工精度、表面粗糙度和加工效率,重者工件报废。一旦发生烧弧,一般措施很难恢复正常放电,而需抬起电极,对工件和电极进行人工处理才能继续加工。烧弧现象在粗、中、精加工中都可能发生,粗、中加工时的烧弧现象破坏性尤甚。因此必须严防烧弧现象的产生。

烧弧时,有以下现象:

①放电往往集中在一处。火花呈橘红色,与正常放电时不同。爆炸声低而闷。产生的烟浓而白。伺服机构急剧跳动。

②抬起电极观察时,电极上有一凹坑,工件上相对应部位黏附有炭黑(严重时有凸起)。刷去炭黑后,工件上烧弧处金属呈熔融状态,与周围的放电状态不同。

③弱规准的烧弧,工件与电极上痕迹不太明显,常在工件表面形成较深的凹坑,在工件抛光后,此表面缺陷明显地暴露出来。

④观察电流表、电压表,烧弧开始时,表针急剧摆动,然后电流表针指示在正常值和短路电流值间的一个数值上。同时,加工进给指示百分表的表针也来回摆动。

⑤用接于放电间隙的示波器观察。观察放电间隙状态可以比较正确地判别烧弧或正常加工。烧弧时,荧光屏上的反映是:在每个脉冲波形的正常加工线(带毛刺的前高后低的倾斜线)下面呈现一条光滑的光亮线。刚开始烧弧时,加工线和烧弧线同时出现,然后烧弧线越来越亮,加工线逐渐暗淡。

二、桥接

桥接是烧弧的前奏,常发生于精加工,其破坏性相对来说比较轻。桥接现象与正常放电常牵涉在一起,只需稍微改变加工条件就能恢复正常放电。

发生桥接时的现象:

①烟发白,气泡体积比正常放电时大一些,且比较集中。放电声明显不均匀。

②电极与桥接处发毛,工件上积聚一层炭黑,用刷子可以刷去,刷去后工件表面也有熔融状。即使工件抛光后,表面还是出现针状小凹坑。

③观察电流表,电流有明显波动,且比无桥接时略大。

④发生桥接时,深度指示器回退。

⑤用示波器观察时,正常情况下波形应为从上至下,发生桥接时波形前端从下至上。

三、短路

放电加工过程中的短路现象是瞬时的,但也会对加工造成不利影响。加工中短路现象经常发生,即使正常加工也可能出现,精加工时更加频繁。正常加工时偶尔出现的短路现象是允许的,一般不会造成破坏性后果,但频繁的短路会使工件和电极局部形成缺陷,而且它常常是烧弧等异常放电的前奏。

四、异常放电产生的原因

产生异常放电的原因很多,主要有以下几点:

①电蚀产物的影响。电蚀产物中金属微粒、炭黑以及气体都是异常放电的"媒介"。传统理论将间隙中炭黑微粒的浓度看作间隙污染的程度,污染严重时不利于加工,因此必须及时清除。但近来研究表明,由于间隙被污染而使放电的击穿距离增大,使之与维持放电的距离接近,有利于加工的稳定。另外,炭黑微粒在放电过程中参与了物理化学作用,在某些加工状态下使电极损耗减少,起到了积极的作用。

②进给速度的影响。一般来说,进给速度太快是造成异常放电的直接原因。在正常加工时,电极应该有一个适当的进给速度。为保持加工状态而不产生异常放电,进给速度应该略低于蚀除速度。

在实际使用中,进给速度还取决于电极和工件材料的种类、型腔加工的深度、电规准的强弱、排屑条件的好坏、伺服机构的判别能力等因素。一般来说,电极材料在加工稳定性好、加工深度浅、电规准强、排屑条件好、伺服机构灵敏度高的加工条件下,进给速度可以快一些;反之,进给速度应该慢一些。

③电规准的影响。放电规准的强弱、电规准的选择不当容易造成异常放电。一般来说,电规准较强、放电间隙大不易产生异常放电;而规准较弱的精加工,放电间隙小且电蚀产物不易排除,容易产生异常放电。此外,放电脉冲间隔小,峰值电流过大,加工面积小而使加工电流密度超过规定值,以及极性选择不当都可能引起异常放电。

在加工过程中,对电规准应给予充分注意。对于规准较强的粗加工,脉冲间隔与脉宽的比值可取小些(一般可小于1);对于规准很弱的精加工,其比值应取大些(通常可大于5),特别是对于排屑条件差、型孔尖角较多的加工应取大些。在起始加工时,要防止加工电流密度过大,且随着加工面积的增大而增加加工电流时仍需防止。

课题二　表面变质层的影响及措施

一、表面变质层的产生

放电时产生的瞬时高温高压,以及工作液快速冷却作用,使工件与电极表面在放电结束后产生与原材料工件性能不同的变质层,如图4.3所示。

工件表面的变质层从外向内又可大致分成三层:放电时被高温熔化后未被抛出的材料颗粒,受工作液快速冷却而凝固黏结于工件表面,形成熔化凝固层;靠近熔化层的材料受放电高温作用及工作液的急冷作用形成淬火层;距表面更深一些的材料则受温度变化影响形成回

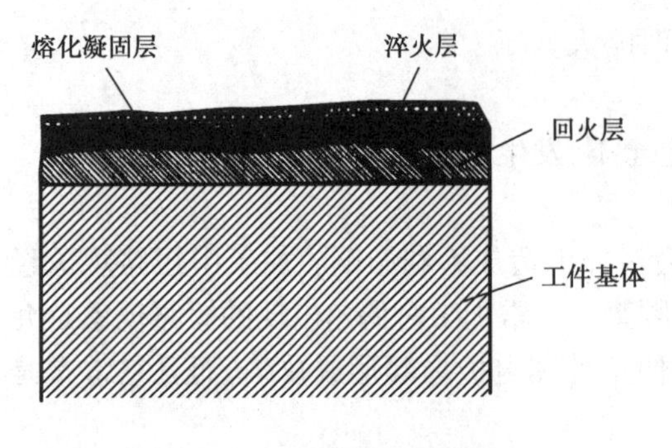

图4.3 工件表面的变质层

火层。

电极在进行低损耗加工后，其表面会产生一层镀覆层。

二、表面变质层对加工结果的影响

表面变质层的结构和性质会因材料的不同而有差异。一般情况下，表面变质层对加工结果的影响是不利的，表现在以下几个方面：

①表面粗糙度。变质层的产生增加了材料表面的表面粗糙度。变质层越厚，工件表面粗糙度越高。

②表面硬度。变质层硬度一般比较高，并且由外而内递减至基体材料的硬度，增加了抛光的难度。不过这一规律因材料不同而会有差异，如淬火钢的回火层硬度要比基体低，而硬质合金在电加工后反而会在表面产生"软层"。

③耐磨性。一般来说，变质层的最外层硬度比较高，耐磨性好，但由于熔化凝固层与基体的黏结并不牢固，因此容易剥落，反而加速磨损。

④耐疲劳性能。在瞬间热胀冷缩的作用下，变质层表面形成较高的残余应力（主要为拉应力），并可能因此产生细小的表面裂纹（显微裂纹），使工件的耐疲劳性能大大降低。

可见，变质层对工件加工质量和工件使用寿命会产生不利的影响。

三、对应的工艺措施

一般地，减少变质层对工件加工结果产生的负面影响措施有两种。

①改善电火花加工参数。脉冲能量越大，熔化凝固层越厚，同时表面裂纹也越明显；而当单个脉冲能量一定时，脉宽越窄，熔化凝固层越薄。因此，对表面质量要求较高的工件，应尽量采用较小的电加工规准，或者在粗加工后尽可能进行精加工。

②进行适当的后处理。由于熔化凝固层对工件寿命有较大影响，因此可以在电加工完成后将它研磨掉，为此需要在电加工中留下适当的余量供研磨及抛光。另外，还可以采用回火、喷丸等工艺处理，降低表面残余应力，从而提高工件的耐疲劳性能。

课题三 电蚀产物的危害及排除

一、电蚀产物的种类

电火花加工时的电蚀产物分为固相、气相和辐射波三种。

固相电蚀产物按其形状的大小可分为大型、中型、小型和微型颗粒；气相电蚀产物主要包括一氧化碳和二氧化碳；辐射波主要有声波和射频辐射两部分。

二、电蚀产物的危害

固相电蚀产物的大、中型颗粒通常在强规准粗加工的场合中产生，这种颗粒对电火花加工有一定的影响，容易产生短路和烧弧现象，从而破坏工件的加工精度和表面粗糙度；小型颗粒通常在型腔和穿孔的粗加工中产生，除易产生短路和烧弧现象外，还有可能引起二次放电；微型颗粒的产生是不可避免的，任何电火花加工都将产生，容易产生烧弧，降低加工稳定性。

气相产物中由于包含有毒气体，所以必须及时排除，否则对人体有一定的危害。通常采用强迫抽风或风扇排风以降低影响。

三、电蚀产物的排除

在电火花加工过程中,工具电极和工件的蚀除将产生大量的电蚀产物。及时将电蚀产物从工作区域中清除成为电火花加工顺利进行的必要条件。在绝大多数情况下,电蚀产物的排除必须采用强迫排屑的方法,主要形式有以下几种:

1. 抬刀

工具电极重复抬起和进给是最常用的排泄方法。抬刀的方式有两种:

①定时抬刀。所谓电极定时抬刀法,就是利用电极向上时形成局部真空抽吸换油,电极向下时挤出工作液排出加工屑,它通常与加工液的强迫流通并用。但是,若加工大面积不通孔或深型腔时,则不宜采用这种方法。因为在此种情况下,工具电极抬刀抽、挤工作液时会对电极和工件产生很大的反作用力,从而造成主轴、立柱等部件的局部变形,甚至引起瞬时短路。

②适应抬刀。这种抬刀方式通常只是在加工不正常时采用,提高了加工生产率,减少了不必要的抬刀。

2. 电极转动

当电极的横截面为圆形时,可采用电极转动的方法来改善排屑条件。有时也可采用工件转动或者工件和电极同时转动。排屑条件和转动速度有关。

3. 工件或电极的振动

这种方法是改善排屑条件的有效措施之一。由于工件和电极的重量都受到限制,所以只能应用于小型和微细电火花加工。其优点是能大大提高加工稳定性,缺点是加工精度有所下降。

4. 开排气孔

这种方法在大型型腔加工时经常采用。其优点是工艺简单,对电极损耗影响较小,缺点是排屑效果不太理想。

5. 冲油法

在电极或工件上开加工液孔的方法为冲油法,如图 4.4 所示。冲油法分为上冲油和下冲油。上冲油主要应用于加工复杂型腔或在无预孔的情况下加工深孔,如图 4.4(a)所示;下冲油则主要应用于直壁的孔加工,如图 4.4(b)所示。

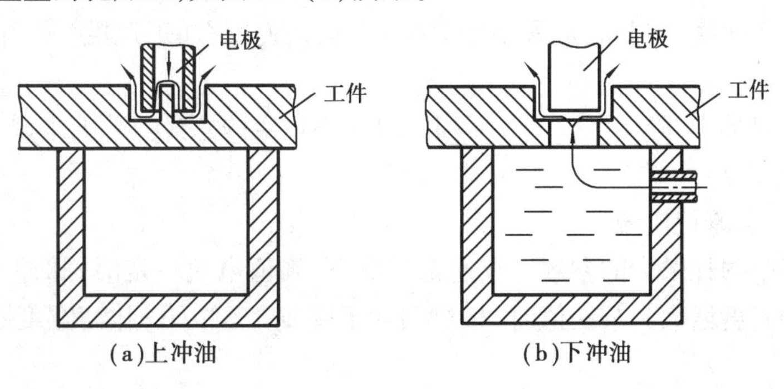

图 4.4　冲油法

6. 抽油法

采用抽油法的目的是为了控制小的侧壁锥度,因此通常应用于必须将锥度限制在很小的情况下。抽油法也可分为上抽油和下抽油。上抽油主要应用于型腔的垂直剖面形状呈下大上小的工件,如图 4.5(a)所示;下抽油主要应用于型腔的垂直剖面形状呈上大下小的工件,如图 4.5(b)所示。

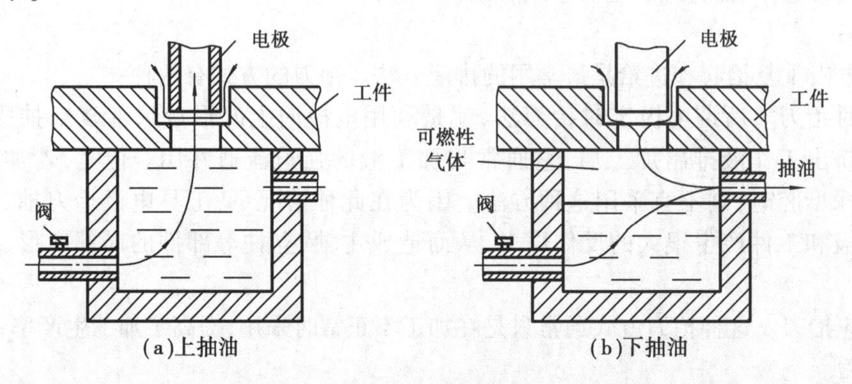

图 4.5　抽油法

冲油方式与抽油方式对工具电极的损耗速度的影响差别不大,但对于工具电极端面的均匀性影响区别较大。在冲、抽油时,工作液的进口处所含杂质较少,温度也较低,因此进口处的覆盖效应易于降低,这样就使冲油时工具电极易于形成凹形端面,而抽油时则形成凸形端面。

7. 喷射法

所谓喷射法就是指当电极或工件不能开加工液孔时,从电极的侧面强迫喷射加工液的方法,如图 4.6 所示。

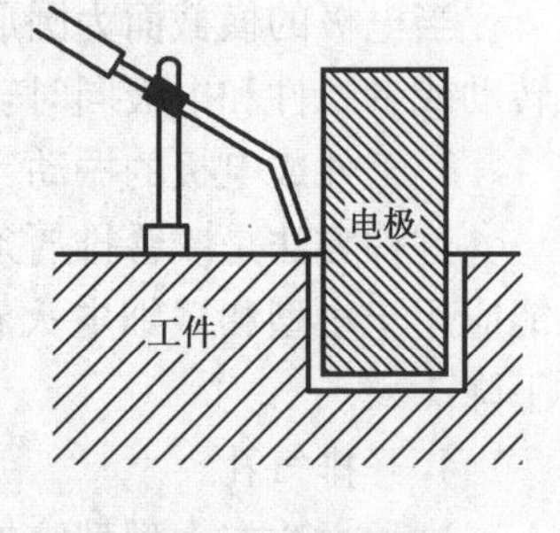

图 4.6　喷射法

在实际加工中,应根据工艺条件采用不同的改善排屑的方法,不能一概而论。

课题四　电极损耗的原因及改善措施

电极损耗是加工中衡量加工质量的一个重要指标,它不仅取决于工具的损耗速度,还要看同时能达到的加工速度,因此通常采用相对损耗(损耗速度/加工速度)来衡量工具电极耐损耗的指标。

在实际加工过程中,降低电极的相对损耗具有很现实的意义。总的来说,影响电极损耗的因素主要有以下几点:

一、脉冲宽度和峰值电流

这两者是影响损耗最大的参数。在通常情况下,峰值电流一定时,脉冲宽度越大,电极损耗越小。当脉冲宽度增大到某一值时,相对损耗下降到 1% 以下;脉冲宽度不变时,峰值电流越大,损耗越大。

不同的脉冲宽度,要有不同的峰值电流才能达到低损耗,峰值电流越大,低损耗脉冲宽度也越大。

二、极性效应

在电火花加工过程中,无论是正极还是负极都将受到不同程度的电蚀影响,但即使正负极材料相同,两者的电蚀量也不相同,这种现象称之为极性效应。

极性的确定取决于工件连接脉冲电源的位置。若工件连接脉冲电源的是正极,则称“正极性加工”;若工件连接脉冲电源的是负极,则称“负极性加工”。

极性对于电极损耗的影响很大。极性效应是一个较为复杂的问题,它除了受到脉冲宽度、脉冲间隔的影响之外,还受到诸如正极炭黑保护膜、脉冲峰值电流、放电电压、工作液等因素的影响。图 4.7 所示为用石墨电极加工钢工件时,正负极性与电极损耗的关系。从图中可知,正极性加工时,电极损耗随脉冲宽度的增大变化不明显;负极性加工时,电极损耗则随脉冲宽度的增大急剧下降。因此,当放电脉冲小于正负极曲线交界点时,采用正极性加工可有效地减少电极的损耗;当大于交界点时,则应该采用负极性加工。

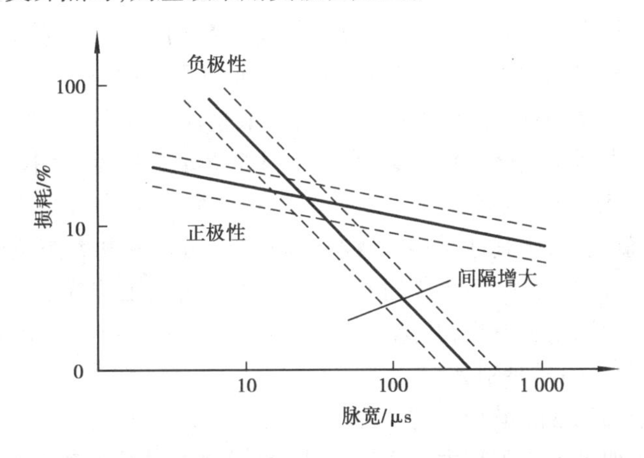

图 4.7 用石墨电极加工钢工件时,正负极性与电极损耗的关系

三、吸附效应

在电火花加工中,若采用负极性加工(电极接正极),工作液采用煤油之类的碳氢化合物时,在电极表面将形成一定强度和厚度的化学吸附层,这种吸附层称为“炭黑层”。由于碳的熔点和气化点很高,可对电极起到一定的保护作用,从而实现低损耗加工。

影响吸附效应的因素主要有以下两种:

①电参量。实验表明,当峰值电流和脉冲间隔一定时,炭黑膜厚度随脉冲宽度的增加而增厚;而当脉冲宽度和峰值电流一定时,炭黑膜厚度随脉冲间隔的增加而减薄。

②冲、抽油。采用强迫冲、抽油,有利于间隙内电蚀产物的排除和加工的稳定,但同时将增加电极的损耗,因此在实际的加工过程中必须控制冲、抽油的压力。

课题五 电极材料与工作液

一、电极材料

在电火花加工过程中,电极用于传输电脉冲,蚀除工件材料,而电极本身一般不损耗。为了实现这一目的,电极材料必须具备以下特点:导电性能良好、损耗小、造型容易、加工稳定、效率高、材料来源丰富、价格便宜。电火花型腔加工常用的电极材料主要有纯铜和石墨,特殊情况下也可采用铜钨合金与银钨合金电极。

1. 电极材料的选择原则

电极材料的选择原则主要有以下几点：

①电极材料的选择应根据加工对象来确定。加工直壁深孔时，应选择电极损耗小的材料；加工一般型腔可采用石墨电极，若型腔有文字图案则采用纯铜电极。

②电极材料的成本应尽可能地低廉。

③电极材料容易成型且变形小，并具备一定的强度。

④电极材料的电加工性能，如加工稳定性、电极损耗必须良好。

⑤电极材料还应根据工件材料来选择。不同的工件材料，加工性能肯定有所不同；即使相同材料的工件也会因为材料成分的不同而影响加工性能。

2. 石墨电极

石墨电极是电火花加工最常用的电极之一，其特点是质地脆、切削性能良好。

石墨电极的加工稳定性较好，在粗加工或窄脉宽的精加工时电极损耗很小。石墨电极在很大的加工电流下作低损耗加工，且能保持电极的表面质量不被破坏。

石墨电极的脉冲宽度/峰值电流的比值较小，一般情况下大于5。使用一般加工方法时，它的低损耗加工最小表面粗糙度 *Ra* 通常只能达到3.2 μm左右；但使用有损耗规准进行精加工时，其最小表面粗糙度 *Ra* 可达到0.8～0.4 μm。在精加工时，如用窄脉宽的电规准，电极损耗除了铜钨、银钨合金之外，比其他材料都要小。因此使用石墨电极作粗加工时，可先采用峰值电流较大的低耗规准，再用有窄脉宽的有损耗规准作精加工修光。对于一个加工深度为100 mm左右的型腔，如果控制得当，其总损耗量可在0.10～0.15 mm之内。同时，为保持加工稳定性，电规准的脉冲间隔要稍大。

石墨电极适用于加工蚀除量较大的型腔、加工无精细线条的型腔，适用于用一个电极完成型腔加工。由于其粗加工可达到很大的生产率，因此特别适用于有较大余量的工件粗加工。

石墨电极加工之前必须放在煤油中浸泡一段时间。在加工过程中易产生粉尘且极易崩角，因此在装夹时通常用低碳钢连接固定或采用真空卡具固定。

3. 纯铜电极

纯铜也是电火花加工常用的电极材料。

电火花加工用的纯铜必须是无杂质的电解铜，最好经过锻打，未经锻打的纯铜作电极时电极损耗较大。纯铜电极可采用机加工制造，但磨削比较困难，此外还可采用放电液压成型、电铸、锻造等方法。

纯铜电极加工性能很好，尤其是加工稳定性。但纯铜在粗加工时如要求作低损耗加工，则脉冲宽度/峰值电流的比值通常要大于10，且加工电流不能太大，否则电极损耗也会增大，电极表面甚至会产生龟裂和起皱，影响加工表面粗糙度。如采用窄脉宽规准加工，纯铜电极的损耗通常是石墨电极的1.5～2倍。因此用纯铜电极加工时，其粗加工均采用脉宽较大而峰值电流较小的规准作低损耗加工，其表面粗糙度 *Ra* 可达3.2～1.6 μm，有条件时可仍用低损耗规准作 *Ra* 小于0.8 μm的精加工，也可在精加工时采用有损耗规准加工。

纯铜电极低耗加工的最小表面粗糙度比石墨小一级，如采用特殊方法，可在表面粗糙度 *Ra* 小于0.4 μm时作低耗加工；有损耗加工的表面粗糙度更小，配合一定的工艺手段和电源后超小表面粗糙度加工 *Ra* 可达0.025 μm左右，基本上达到镜面加工。

纯铜电极不易烧弧或接桥。产生烧弧时,电极表面烧弧处有些发毛,严重时呈一结焦瘤,工件对应处有一凹穴,有时出现针孔状缺陷,破坏程度较石墨轻。由于低耗加工的平均加工电流较小,生产率不高,故常对工件进行预加工,但预加工的形状和余量必须合理。在相同加工条件下,纯铜电极所选用的电规准的脉冲间隔比石墨小。此外,排屑条件的好坏对电极的损耗影响很大,故不宜采用冲抽油等改善排屑的方法,通常采用抬刀等方式。

纯铜电极更适合于形状精细、要求较高的中、小型型腔。超大型型腔有时也采用薄板或电铸成型的纯铜电极;如大型型腔既有大面积曲面成型,又有精密微细成型要求时,经常采用分解电极多次成型加工而成。

4. 铜钨合金、银钨合金

从理论上来讲,钨是金属中最好的电极材料,它的强度和硬度高,密度大,熔点将近3 400 ℃,可以有效地抵御电火花加工时的损耗。铜钨合金、银钨合金由于含钨量高,所以在加工中电极损耗小,机械加工成型也较容易,特别适用于工具钢、硬质合金等模具加工及特殊异孔、槽的加工。缺点是价格较贵,尤其是银钨合金电极,因此应用相对较少。

选择电极材料应根据加工对象而定。对于直壁的深孔加工,所选电极的损耗应尽可能小(如选用银钨或铜钨合金);加工具有文字或花纹图案的型腔时,则可采用电铸的纯铜电极。此外,同一种电极材料加工不同成分、不同材料的工件时,加工情况都有一定的差异。因此在工作中要多积累经验,记录各种数据,以备使用。

二、电火花成型加工工作液

电火花加工必须在有一定绝缘性能的液体介质中进行,该液体介质通常称为电火花工作液。工作液的作用主要是排屑、消电离、冷却。工作液排屑不仅是冲洗放电间隙,而且能形成爆炸力,抛出电蚀产物。

1. 煤油

我国过去普遍采用煤油作为电火花成型加工的工作液,它电阻率高,且比较稳定,其黏度、密度、表面张力等性能也全面符合电火花加工的要求。

煤油的缺点显而易见,主要是闪火点低(46 ℃左右),使用中会因意外疏忽导致火灾,加上其芳烃含量高,易挥发,加工分解出的有害气体较多等。近年来,已逐步被新型的电火花加工液替代。

2. 水基及一般矿物油型

这是第一代产品,水基工作液仅局限于电火花高速穿孔加工等及少数类型使用,绝缘性、电极消耗、防锈性等都很差,成型加工基本不用。

3. 合成型(或半合成型)电火花加工液

由于矿物油放电加工时,对人体健康有影响。随着数控成型机数量的增多,加工对象的精度、表面粗糙度、加工生产率都在提高,因此,对工作液的要求也日益提高。到了20世纪80年代,开始有了合成型油,主要指正构烷烃和异构烷烃。由于不加酚类抗氧剂,因此,合成型油的颜色水白透亮,几乎不含芳烃,几乎没有异味,价格低廉。缺点是合成型油不含芳烃,故加工速度稍低于矿物油型的电火花加工液。

4. 高速合成型电火花加工液

高速合成型在合成型的基础上,加入聚丁烯等类似添加剂,旨在提高电蚀速度,提高效率。

电火花加工过程中,其熔融金属的温度常常达到104 ℃,因此,工作液必须要有良好的冷却性,迅速将其冷却。由于工作液闪点、沸点低,熔融金属温度高而蒸发的蒸气膜,使冷却金属熔融物的时间变长。加入聚合物后,沸点高的聚合物将迅速破坏蒸气膜,提高了冷却效率,从而也提高了加工速度。这种添加剂成本高,工艺不易掌握。

课题六　电火花加工工艺指标

电火花加工中的工艺指标包括加工精度、表面粗糙度、加工速度以及电极损耗比等,影响因素有电参数和非电参数。电参数主要有脉冲宽度、脉冲间隔、峰值电压、峰值电流、加工极性等;非电参数主要有压力、流量、抬刀高度、抬刀频率、平动方式、平动量等。这些参数相互影响,关系复杂。

一、表面粗糙度

电火花加工表面和机械加工的表面不同,它是由无方向性的无数小坑和硬凸边所组成,特别有利于保存润滑油;机械加工表面则由切削或磨削刀痕所组成,且具有方向性。因此,电火花加工表面的润滑性能和耐磨损性能优于机械加工表面。

电火花加工的表面粗糙度可以分为底面粗糙度和侧面粗糙度,同一规准加工出来的侧面粗糙度因为有二次放电的修光作用,往往要好于底面粗糙度。若要获得更好的侧面粗糙度,可以采用平动头和数控摇动工艺来修光。

表面粗糙度与脉冲宽度、峰值电流的关系:①表面粗糙度随脉冲宽度增大而增大;②表面粗糙度随峰值电流的增大而增大。

为了提高表面粗糙度,必须减小脉冲宽度和峰值电流。脉宽较大时,峰值电流对表面粗糙度影响较大;脉宽较小时,脉宽对表面粗糙度影响较大。因此在粗加工时,提高生产率以增大脉宽和减小间隔为主,以便使表面粗糙度不致太高。精加工时,一般以减小脉冲宽度来降低表面粗糙度。

电火花加工的表面粗糙度还取决于以下几个方面:

①工件材料对加工表面粗糙度也有影响。熔点高的材料如硬质合金,在相同能量下加工的表面粗糙度要比熔点低的材料好,但加工速度会相应下降。

②工具电极材料也极大地影响工件的加工表面粗糙度,例如:在电火花加工时使用纯铜电极要比黄铜电极加工的表面粗糙度低。精加工时,工具电极的表面粗糙度也影响加工表面粗糙度。一般认为,精加工后工具电极的表面粗糙度要比工件表面低一个精度等级。表面粗糙度高的电极要获得低表面粗糙度工件表面很困难。

③加工速度和表面粗糙度之间存在着很大的矛盾。要获得粗糙度低的工件,必须降低单个脉冲的蚀除量,这样加工时间必然要大大增加。例如,达到 *Ra* 为 1.25 μm 的加工时间比 *Ra* 为 2.5 μm 要多 10 倍的时间。

④异常放电现象如二次放电、烧弧、结炭等将破坏表面粗糙度,而表面的变质层也会影响工件的表面粗糙度。

⑤击穿电压、工作液对表面粗糙度有不同程度的影响。

采用“混粉加工”新工艺,可以有效地降低表面粗糙度,达到 *Ra* 为 0.01 μm 的加工表面。其方法是在电火花加工液中混入硅或铝等导电微粉,使工作液电阻率降低,放电间隙扩大,寄生电容大幅减少;同时每次从工具到工件表面的放电通道被微粉分割成多个小的火花放电通道,到达工件表面的脉冲能量“分散”得很小,相应的放电痕迹也就较小,从而获得大面积的光整表面。

二、电火花加工精度

电火花加工与机械加工一样,机床本身的各种误差以及工件和工具电极的定位、安装误差都会影响到加工精度,另外电火花加工的一些工艺特性也将影响加工精度,主要有以下几点:

1. 放电间隙的大小及其一致性

电火花加工时,工具电极与工件之间存在着一定的放电间隙。如果加工过程中放电间隙保持不变,通常可以通过修正工具电极的尺寸对放电间隙进行补偿,以获得较高的加工精度。然而,在实际加工过程中放电间隙是变化的,因此,加工精度会受到一定程度的影响。

此外,放电间隙的大小对加工精度(尤其是仿形精度)也有影响,尤其对于复杂形状表面的加工,棱角部位电场强度分布不均,间隙越大,影响越严重。因此,为了降低加工误差,应采用较小的加工规准,缩小放电间隙。另外,加工过程要尽可能保持稳定。电参数对加工间隙的影响非常显著,粗加工的放电间隙一般为0.5 mm,精加工的单面间隙则能达到0.01 mm。

2. 工具电极的损耗

工具电极的损耗对尺寸精度和形状精度都有影响。电火花穿孔加工时,电极可以贯穿型孔而补偿电极的损耗,但是型腔加工则无法采用这种方法,精密型腔加工时可以采用更换电极的方法。

3. 电极的制造精度

电极的制造精度是加工精度的重要保证。电极的制造精度应高于加工对象要求的精度,这样才有可能加工出合格的产品。

在同一加工对象中,有时往往用一个电极难以完成全部的加工要求,即使能完成加工要求也不能保证加工精度。通常情况下可以用不同形状的电极来完成整个加工。对于加工精度要求特别高的工件,使用同样的电极重复加工能提高精度,但必须保证电极制造精度和重复定位精度。

4. 二次放电

在已加工表面上,由于电蚀产物的介入而产生的二次放电也能影响电火花加工形状加工。它能使加工深度方向产生斜度,加工棱角边变钝。

上下口间隙的差异主要是由二次放电造成的。加工屑末在通过放电间隙时,形成“桥”,造成二次放电,使加工间隙扩大。因此当采用冲油排屑时,由于加工屑末均经过放电间隙而在上口的二次放电机会最大、次数最多、扩大量最大、斜度也最大,同时放电加工时间越长,斜度也越大;但当采用抽油排屑时,由于加工屑末经过侧面间隙的机会较小,因此加工斜度相对来说比较小,如图4.8所示。

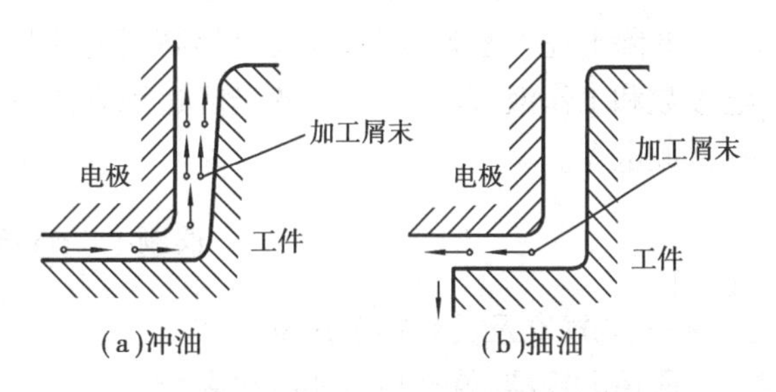

图4.8 排屑方式与二次放电

5. 热影响

在加工过程中,工作液温度升高引起机床的热变形。由于机床各部件(包括工件和电极)

的热膨胀系数不同,因此加工精度难免受到影响。对于工件尺寸超过几十毫米的大型工件,影响尤其明显。

下列几种情况下的工件和电极易产生热变形:

①电极断面长度比较大的形状。

②薄片电极以及用电铸、放电压力成形一类的薄壳电极,由于其热容量很小,温度升高很快而易产生变形。

③受偏力较大的电极。

④加工电流很大,工作液温度冷却不够。

因此,加工时必须控制加工电流,对电极易变形的部位采取加固和冷却措施。

6. 装夹定位的影响

不管是校正还是装夹定位的精度,都直接关系到加工精度。使用多个电极加工时还要考虑重复定位。

7. 其他

电极夹持部分刚性、平动刚性和平动精度、电极冲油压力、电极运动精度等都直接关系到加工精度。

三、电火花加工速度

1. 加工速度的概念

电火花加工的加工速度不像机械加工以进给速度来表示。电火花加工时,工具和电极同时遭到不同程度的蚀除,单位时间内工件的电蚀量称为加工速度,即生产率。它有两种表示方法:

①单位时间内工件蚀除重量。

②单位时间内工件蚀除体积。

2. 提高加工速度的方法

①增大脉冲峰值电流、增加脉冲宽度将提高加工速度,但同时会增加表面粗糙度和降低加工精度,因此这种方法一般用于粗加工和半精加工的场合。

②提高脉冲频率即缩小脉冲间隔,从而提高加工速度。但脉冲间隔不能过分减小,否则加工区工作液将不能及时消电离,电蚀产物和气泡不能及时排除,反而影响加工稳定性,从而导致生产效率的下降。

③除上述方法外,还可以通过提高工艺系数 K 来提高加工速度,包括合理选择电极材料、电参数和工作液,改善工作液的循环过滤方法以提高脉冲利用率,提高加工稳定性,以及控制异常放电等。

课题七　选择加工规准

一、电规准及其对加工的影响

所谓电规准,就是指脉冲电源参数。

1. 电规准的重要参数

电规准中对加工影响最大的三个参数是:脉冲宽度、脉冲间隔、脉冲峰值电流。它们对加工生产率、表面粗糙度、间隙、电极损耗、表面变质层、斜度、加工稳定性等各方面都有重要影响。另外,击穿电压、脉冲放电波形、放电脉冲的前后沿梯度、平均加工电流、单个脉冲能量、脉宽峰值比等参数对加工也有一定影响。

2. 电规准对加工的影响

一般情况下，其他参数不变，增大脉宽将减少电极损耗，表面粗糙度变差，加工间隙增大，表面变质层增厚，斜度变大，生产率提高，稳定性变好。

脉冲间隔对加工稳定性影响最大，脉冲间隔越大，稳定性越好。一般情况下，它对其他工艺指标影响不明显，但当脉冲间隔减小到某一数值时，它对电极损耗会有一定影响。

增大峰值电流，将提高生产效率，改善加工稳定性，但粗糙度变差，间隙增大，电极损耗增加，表面变质层增厚。

脉宽峰值比（脉冲宽度/脉冲峰值电流），是衡量电极损耗的重要依据。电极损耗小于1%的低损耗加工必须使脉宽峰值比大于一定的值。脉冲宽度一般在0.1～2 000 μs范围内。能作低损耗加工的脉冲电源必须输出较大宽度的脉冲。

二、加工参数的调整

影响工艺指标的主要因素可以分为离线参数（加工前设定后加工中基本不再调节的参数，如极性、峰值电压等）和在线参数（加工中常需调节的参数，如脉冲间隔、进给速度等）。

1. 离线控制参数

虽然这类参数在安排加工时要预先选定，但在一些特定的场合下，它们还是需要在加工中改变的。

①加工起始阶段。实际放电面积由小变大，这时的过程扰动较大，采用比预定规准小的放电电流可使过渡过程比较平稳，等稳定加工几秒钟后再把放电电流调到设定值。

②补救过程扰动。加工中一旦发生严重干扰，往往很难摆脱。例如拉弧引起电极上的结炭沉积后，所有以后的放电就容易集中在积炭点上，从而加剧了拉弧状态。为摆脱这种状态，需要把放电电流减少一段时间，有时还要改变极性（暂时人为地高损耗）来消除积炭层，直到拉弧倾向消失，才能恢复原规准加工。

③加工变截面的三维型腔。通常开始时加工面积较小，放电电流必须选小，然后随着加工深度（加工面积）的增加而逐渐增大电流，直至达到表面粗糙度、侧面间隙或电极损耗所要求的电流值。对于这类加工控制，可预先编好加工电流与加工深度的关系表。同样，在加工带锥度的冲模时，可编好侧面间隙与电极穿透深度的关系表，再由侧面间隙要求调整离线参数。

2. 在线控制参数

在线控制参数在加工中的调整没有规律可循，主要依靠经验。下面介绍一些参考性方法：

①平均端面间隙。它对加工速度和电极相对损耗影响很大。一般说来，其最佳值并不正好对应于加工速度的最佳值，而应当使间隙稍微偏大些，这时的电极损耗较小。小间隙不但引起电极损耗加大，还容易造成短路和拉弧，因而稍微偏大的间隙在加工中比较安全，在加工起始阶段更为必要。

②脉冲间隔。过小的脉冲间隔会引起拉弧，只要能保证进给稳定和不拉弧，原则上可选取尽量小的脉冲间隔值，但在加工的起始阶段时应取较大的值。

③冲液流量。由于电极损耗随冲液流量（压力）的增加而增大，因而只要能使加工稳定，保证必要的排屑条件，应使冲液流量尽量小（在不计电极损耗的场合另作别论）。

④伺服抬刀运动。抬刀意味着时间损失，只有在正常冲液不够时才采用，而且要尽量缩小

电极上抬和加工的时间比。

3. 出现拉弧时的补救措施

①增大脉冲间隔。

②调大伺服参考电压(加工间隙)。

③引入周期抬刀运动,加大电极上抬和加工的时间比。

④减小放电电流(峰值电流)。

⑤暂停加工,清理电极和工件(例如用细砂纸轻轻研磨)后再重新加工。

⑥试用反极性加工一段时间,使积炭表面加速损耗掉。

三、正确选择加工规准

为了能正确选择电火花加工参数规准,人们根据工具电极、工件材料、加工极性、脉冲宽度、脉冲间隔、峰值电流等主要参数对主要工艺指标的影响,预先制订工艺曲线图表,以此来选择电火花加工的规准。

由于各种电火花机床、脉冲电源、伺服进给系统等基本上是大同小异,因此工艺实验室制订的各种工艺曲线图表具有一定的通用性,能在一定程度上指导电火花穿孔成形加工。正规厂家提供的电火花加工机床以及说明书中也有类似的工艺参数图表,可直接参考应用。

图4.9至图4.12所示为工具电极为铜,加工材料为钢,且负极性加工(工件接负极)时,工件表面粗糙度、单边侧面放电间隙、工件蚀除速度、电极损耗率与脉冲宽度和峰值电流的关系曲线图。

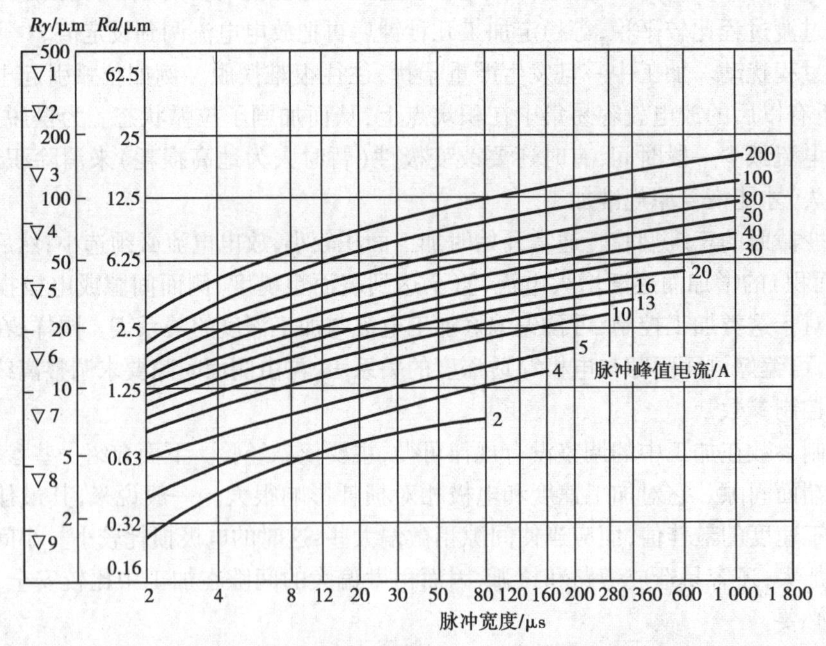

图4.9　铜打钢工件表面粗糙度与脉冲宽度和峰值电流的关系曲线图

由于脉冲间隔只要保证能消除电离、能稳定加工、不引起电弧放电,它对工件表面粗糙度、单边侧面放电间隙、工件蚀除速度、电极损耗率等没有太大的影响,因此在图中未注明脉冲间隔。另外,电极的抬刀高度、抬刀频率、冲油压力和流量等参数,主要是为了促进放电间隙中的排屑,保证电火花加工的稳定性,除对加工速度有所影响外,对工艺指标影响不大,因此这部分的参数在图中也未注明。

图 4.9 所示为工具电极为铜、加工材料为钢且负极性加工（工件接负极）时，工件表面粗糙度与脉冲宽度和峰值电流的关系曲线图。由图可得如下结论：

①要获得较好的表面粗糙度，必须选用较窄的脉冲宽度和较小的峰值电流。

②脉冲宽度对表面粗糙度的影响比峰值电流稍微大一些。

③要达到某一表面粗糙度，可以选择不同的脉冲宽度和峰值电流。例如，欲达到表面粗糙度 Ra = 1.25 μm，可选择脉宽为 4 μs、峰值电流为 10 A 的参数组合；也可选择脉宽为 120 μs、峰值电流为 4 A 的参数组合；也可选择脉宽为 25 μs、峰值电流为 6 A 的参数组合。

④不同参数组合的蚀除速度和电极损耗率不同，甚至差别很大，因此选择电规准的时候，必须进行分析比较，抓住工艺中的主要矛盾做出选择，必要时分成粗、中、精加工。

图 4.10 为工具电极为铜、加工材料为钢且负极性加工时，单边侧面放电间隙与脉冲宽度和峰值电流的关系曲线图。由图可知，它的规律类似于表面粗糙度。当脉冲宽度较窄，峰值电流较小时可获得较小的侧面放电间隙；反之侧面放电间隙就大。由于在通常情况下，侧面间隙是电火花加工时底面间隙产生的电蚀产物二次放电所形成的，因此侧面间隙会稍大于底面间隙的平均值。

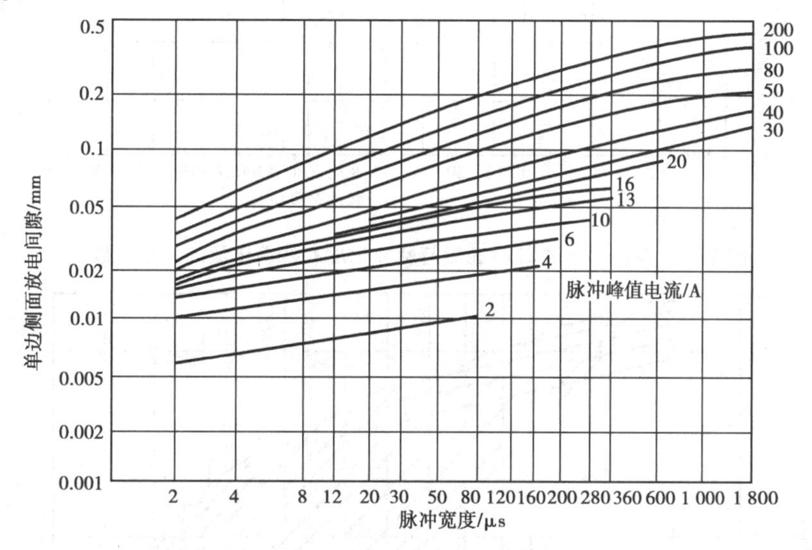

图 4.10　铜打钢单边侧面放电间隙与脉冲宽度和峰值电流的关系曲线图

图 4.11 为工具电极为铜、加工材料为钢且负极性加工时，工件蚀除速度与脉冲宽度和峰值电流的关系曲线图。由图可得，随着脉冲间隔和峰值电流的增加，工件的蚀除速度也随之增大，但当脉冲宽度增大到一定程度时，蚀除速度达到最大值并趋于稳定。

在选择加工规准时，脉冲间隔必须适中。过大的脉冲间隔将使蚀除速度成比例地减少，过小的脉冲间隔会引起排屑不畅而产生电弧放电。在加工过程中，尤其是中、精加工，当加工到一定深度应抬刀排屑，这将降低单位时间内的工件蚀除速度。此曲线图是在合理的脉冲间隔、较浅的加工深度、无抬刀运动、中等加工面积和微冲油条件下绘制的，因此实际使用中，蚀除速度将低于图中的数值。

图 4.12 为工具电极为铜、加工材料为钢且负极性加工时，电极损耗率与脉冲宽度和峰值

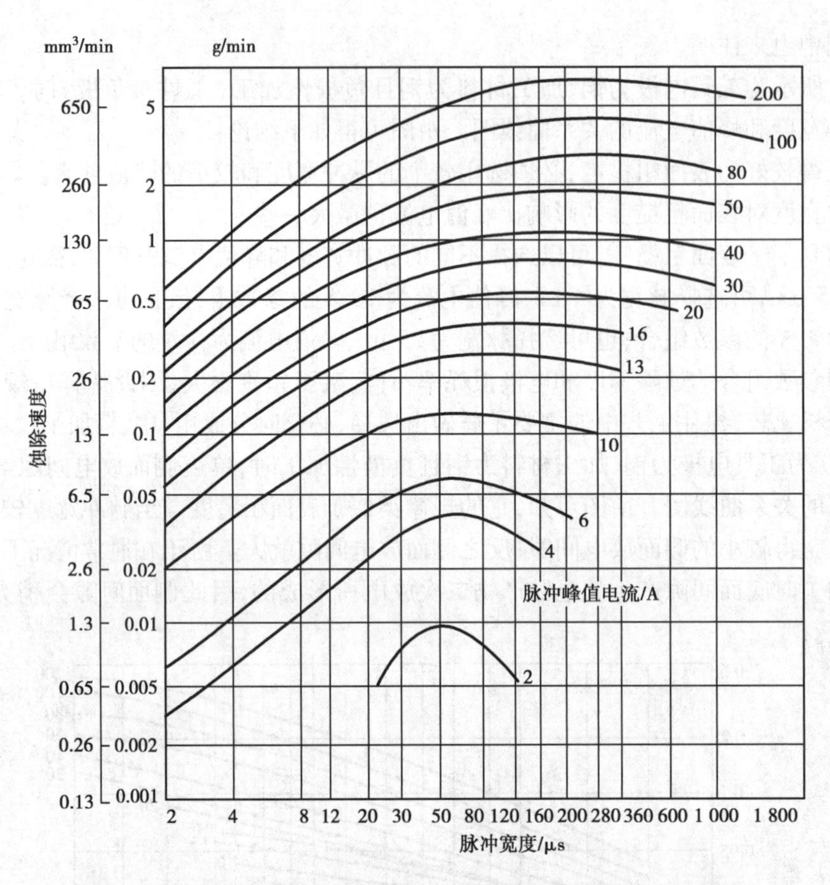

图4.11　铜打钢工件蚀除速度与脉冲宽度和峰值电流的关系曲线图

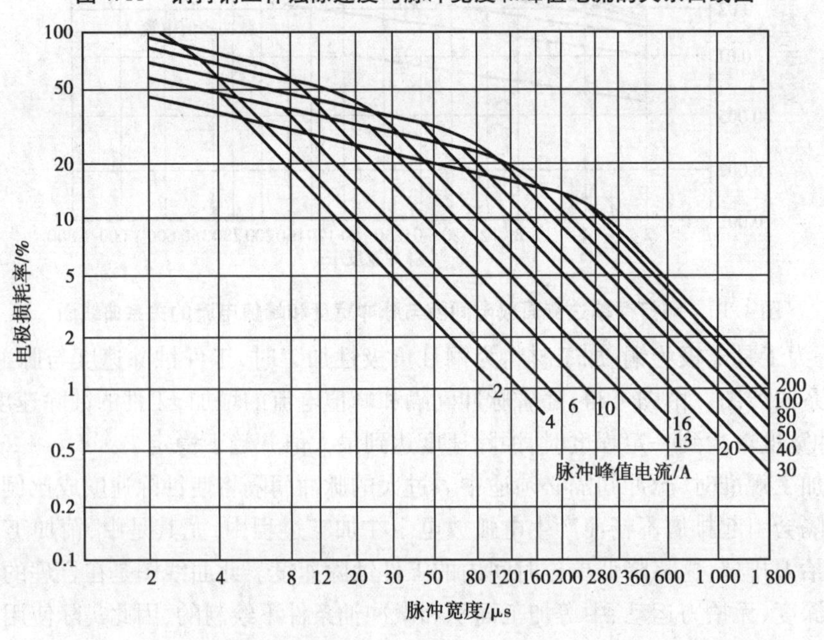

图4.12　铜打钢电极损耗率与脉冲宽度和峰值电流的关系曲线图

电流的关系曲线图。由于极性效应的缘故,在负极性加工时,只有在较大的脉冲宽度和较小的峰值电流条件下才能得到很低的电极损耗率。

在粗加工过程中,负极性、长脉宽可获得较低的电极损耗率,因此可以用一个电极加工掉很大的余量而电极的形状基本保持不变;在中、精加工时,脉冲宽度较小,电极损耗率比较大,但由于加工余量较小,因此电极的绝对损耗率也不是很大,可以用一个电极加工出一个甚至多个型腔。

任务三　电火花成形机床操作

课题一　电火花加工操作流程

电火花加工操作流程如图 4.13 所示。

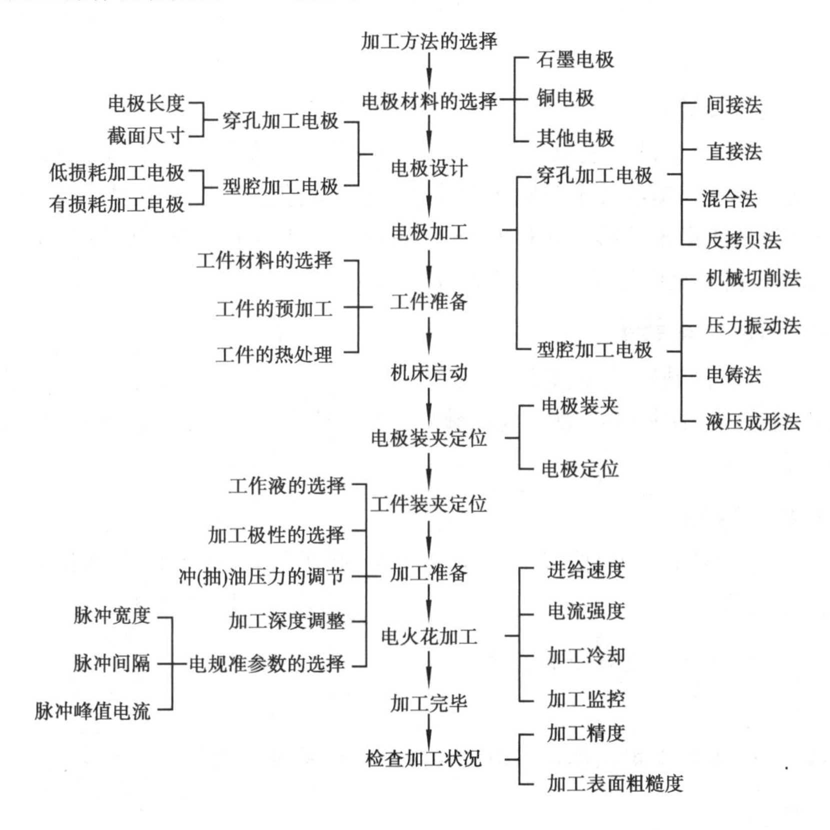

图 4.13　操作流程简图

课题二　数控电火花机床的手动操作

当前电火花发展朝数控化、自动化方向高速发展,并由于电子技术与计算机控制技术的发展和应用普及,数控电火花机床逐渐占了主导地位。以下主要介绍数控电火花机床的操作和应用,并以北京阿奇的 AGIE SF 系列电火花成形机为例进行说明。

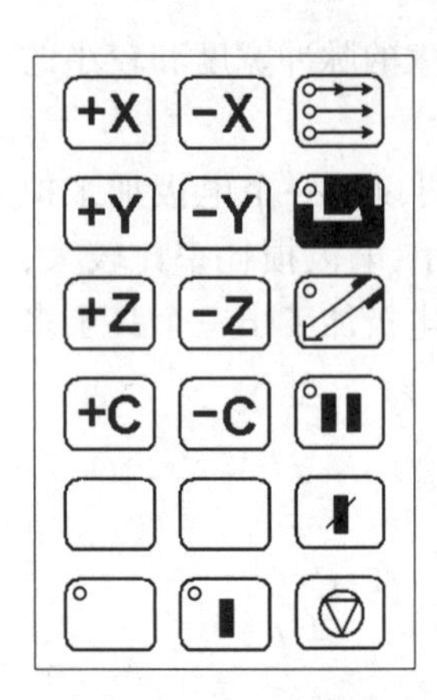

图 4.14　手控盒

数控电火花机床的手动操作是通过手控盒来实现的。AGIE SF 系列电火花成形机的手控盒结构如图 4.14 所示。每个按钮的功能如下：

一、点动轴选择键

点动轴选择键包括 +X -X +Y -Y +Z -Z +C -C，用于使机床工作时朝指定的坐标轴方向运动。其中 +C -C 只对安装有 C 轴的机床操作才有效。

对于坐标轴及其方向的定义如下：面对机床正前方，左右方向为 X 轴，前后方向为 Y 轴，上下方向为 Z 轴，主轴旋转方向为 C 轴。坐标轴的正负方向是以主轴（电极）相对于工件的运动方向而言的，即假定工件（工作台）是静止的，而电极（主轴）是运动的，向右为 +X，向左为 -X；向前为 +Y，向后为 -Y；向上为 +Z，向下为 -Z；顺时针方向旋转为 -C，逆时针方向旋转为 +C。

二、点动速度选择键

点动速度选择键用于设定机床作点动时的移动速度。机床开机时，系统默认点动速度为中速，每按一次该键点动速度按下列顺序变化：中速→高速→单步→中速。当选择单步挡时，每按一次轴向键，机床沿该轴移动 0.001 mm。高速和中速各分为 0 ~ 9，共 10 挡，0 挡速度最快，9 挡速度最慢，速度变化范围为 10 ~ 900 mm/min。

三、无视接触感知键

当电极和工件相接触后，按此键灯亮，再按手控盒上的轴向键，能忽视接触感知继续进行移动。此键仅对当前一次操作有效。按此键灯亮后，若要取消“无视接触感知”功能，可再按一次此键，灯灭。

四、工作液泵控制键

用于控制工作液泵的开关，按一下此键，打开泵，指示灯亮；再按此键，关闭泵，指示灯灭。

五、暂停键

在加工过程中，按下此键可使加工停止。

六、确认键

在某些情况下，系统会提示你对当前操作进行确认时按下此键。

七、加工键

按下此键可开始加工，相对于键盘上的“Enter”键。在加工过程中若按下了暂停键，暂停结束后按下此键可恢复加工。

八、电阻箱风扇控制键

此键用来控制电阻箱内风扇的开关。在加工过程中，系统将自动打开此风扇，加工结束后可用此键来关闭风扇的运转，但不能在加工结束后立即关闭风扇，否则容易烧坏功率电阻，通常在加工结束后 5 min 关闭风扇。

课题三　数控电火花机床的屏幕操作

同目前大部分的数控电火花成形机一样，AGIE SF 系列电火花成形机的数控系统操作可以看成是一台计算机，所以其大部分操作是使用键盘指令来完成的。AGIE SF 系列电火花成形机的数控系统共有准备屏、自动生成程序及加工屏、编辑屏、配置屏、诊断屏 5 个操作屏，通过按“ALT”和“F1”～“F5”键来进行操作屏的切换。对于电火花加工机床的操作大部分是通过对话式操作屏来完成的。下面着重介绍准备屏和加工屏，其他部分可参考机床说明书。

一、准备屏

准备屏用于加工前的准备，可进行回机械原点、设置坐标系、回坐标系零点、机床移动、接触感知、找中心等操作。每个块即为一个功能，用“↑”，“↓”，“→”，“←”光标键把光标移动到所选功能块处，然后按“Enter”键即选中了此功能。

1. 准备屏的操作界面

准备屏共分 5 个区，如图 4.15 所示。

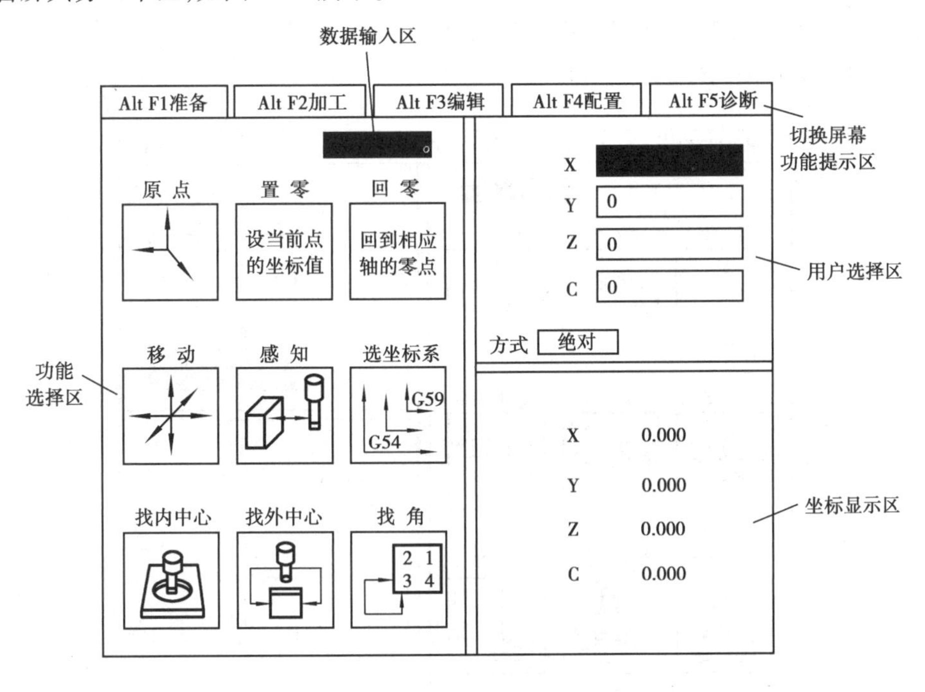

图 4.15　准备屏

①切换屏幕功能提示区。此区显示了进入每个屏的功能键。

②数据输入区。有些功能块需输入数据，此区即显示用户输入的数据。输完数据回车后(按“Enter”键)，所输数据显示在用户选择区相应坐标后面的方框中。若所输的数据中含有“.”，则数据的单位为 mm 或 in；若无，则所输数据须相应地乘以系数 0.001 或 0.000 1，相应单位为 min 或 in。

输入数据过程中，用“←”键可删除最后一个数字，用“Esc”键取消数据的输入，输入完成后按“Enter”键即可。

③功能选择区。此区用来显示本屏的所有功能，用“↑”，“↓”，“→”，“←”键通过键盘移

动光标来进行选择,移动至某个功能块后,按“Enter”键即选中了此功能。选中后此模块变为黄色;若想退出此模块,按“F10”键即可。

④用户选择区。选中功能选择区中某一项功能后,需要进行坐标轴、轴的方向、速度等方面的选择。这些操作在用户选择区中进行,选择时用“↑”或“↓”键来上下移动光标,用空格键来改变某些选项。

⑤坐标显示区。此区用于显示当前各坐标轴的坐标值。

2. 准备屏中的功能操作

在准备屏的功能选择区,共有9个操作功能块。以下简要介绍各功能模块的含义与操作方法:

(1)原点

原点也就是机械回零,此功能块使机床坐标轴回到机械坐标的零点,X、Y和Z轴的原点在其轴的正限位处。选中后准备屏如图4.16所示。此时光标在三轴回原点处,按“Enter”键即执行三轴回原点的动作,执行的先后顺序为:Z轴、Y轴、X轴,当然也可指定单个轴进行回原点动作。在工件较大时,需要考虑电极在向原点的行进过程中是否会与工件发生干涉碰撞,再选择合适的回原点顺序。

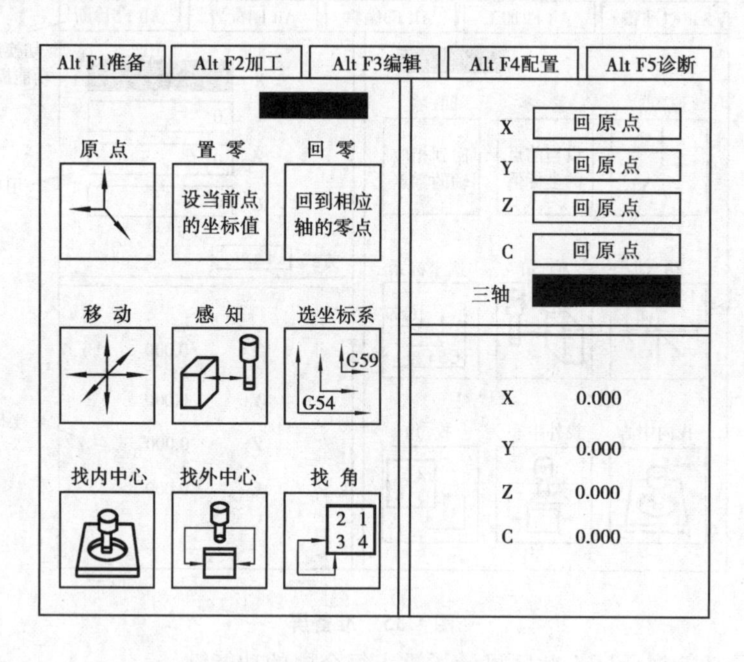

图4.16 原点准备屏

(2)置零

此功能块将当前坐标点设置为当前坐标系的零点或者任意坐标值,其功能为设置工件坐标系。选中“置零”功能后的准备屏如图4.17所示。用户可选择要设置坐标值的坐标轴,选好坐标轴后输入要设定的坐标值,按“Enter”键即可。也可以选择“都设零”将各个轴的当前位置设为零点。“置零操作”时,机床并不会发生运动。开机后,若用户没有返回到上次的零点而进行置零操作,系统会对此进行提示。因为若再置零,则上次的零点就会丢失,故需用户进行确认,以免丢失零点而无法进行上次未完成的加工。

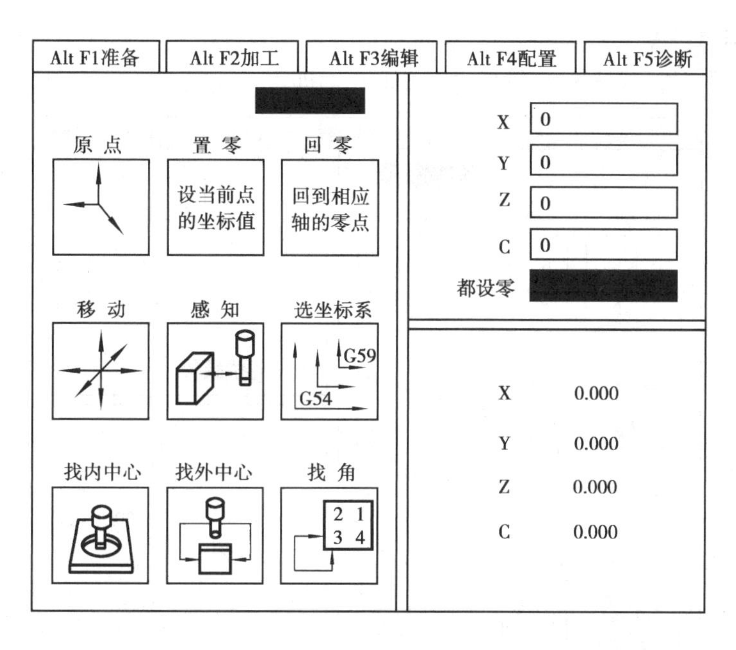

图 4.17 置零准备屏

(3)回零

此功能块使机床坐标轴回到当前坐标系的零点，选中后准备屏如图 4.18 所示。用户可选择要回零的轴，可单轴回零，也可 X、Y、Z 三轴同时回零。

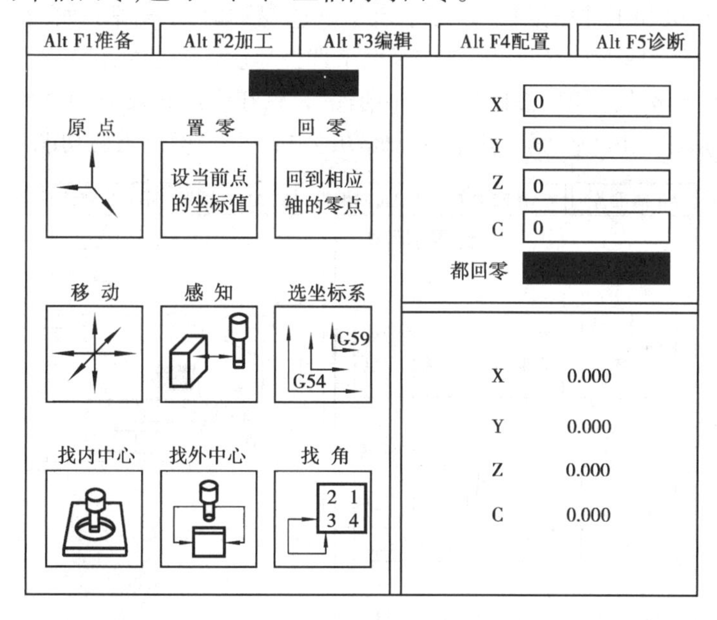

图 4.18 回零准备屏

(4)移动

此功能块使机床坐标轴通过输入数值移动到给定点处，选中后准备屏如图 4.19 所示。用户可选择需移动的坐标轴和所采用的方式，方式的选择通过“用户选择区”中“方式”右边的按钮来实现。坐标值的输入有两种方式:绝对和增量。绝对即以绝对坐标来进行移动,增量即以增量坐标来进行移动。输入坐标值后,按"Enter"键即可开始执行。

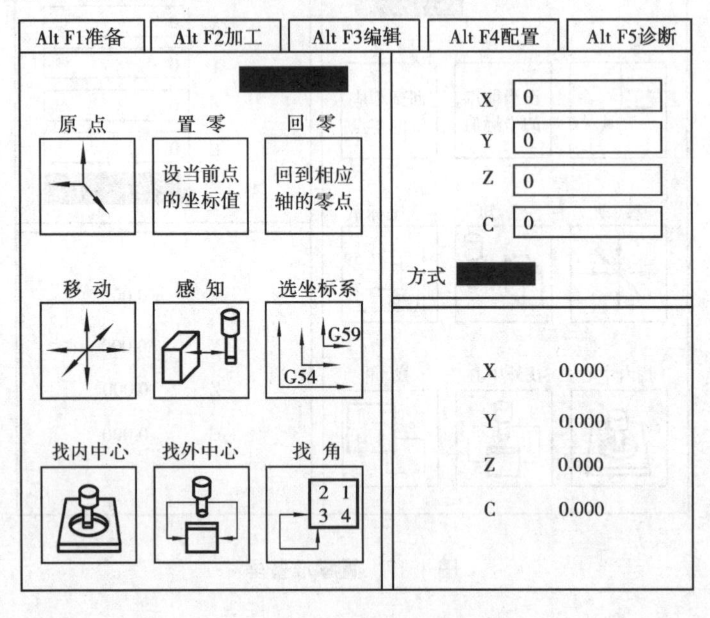

图 4.19 移动准备屏

(5)感知

此功能块使电极和工件相接触,以便于定位。选"感知"后准备屏如图 4.20 所示。用户可用"↑"或"↓"键选择感知方向,用"空格"键来选择速度。速度共有 1 ~9 挡,1 挡最快,9 挡最慢,对于易碎的电极应选用较慢的速度。回退量为感知后向相反方向移动的距离。选择完回退量和速度之后,按"Enter"键即开始执行此功能,按"F10"键退出此功能块。

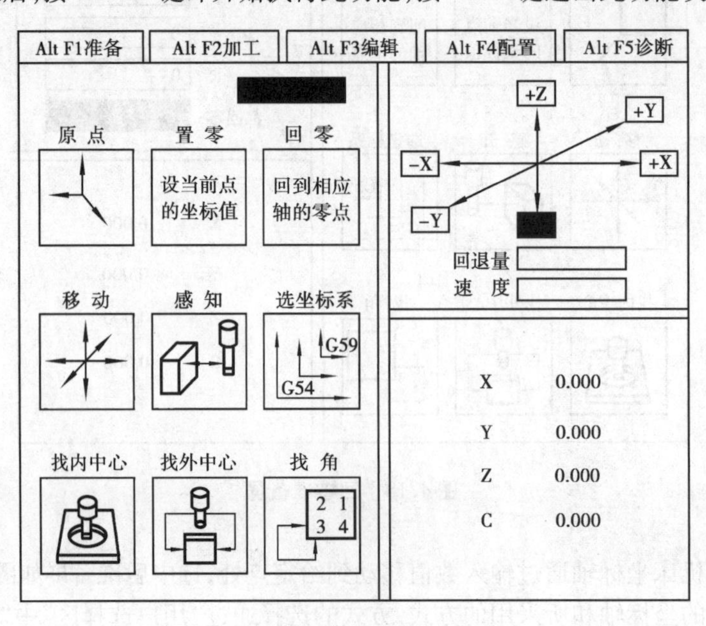

图 4.20 感知准备屏

（6）选坐标系

此功能块使用户进行坐标系的选择。选“选坐标系”后准备屏如图 4.21 所示。本系统有 G54 ~ G59 共 6 个坐标系，每个坐标系都有一个零点，用户可进行设定，以方便多方位加工。用空格键来选择坐标系，按“F10”退出此功能块。

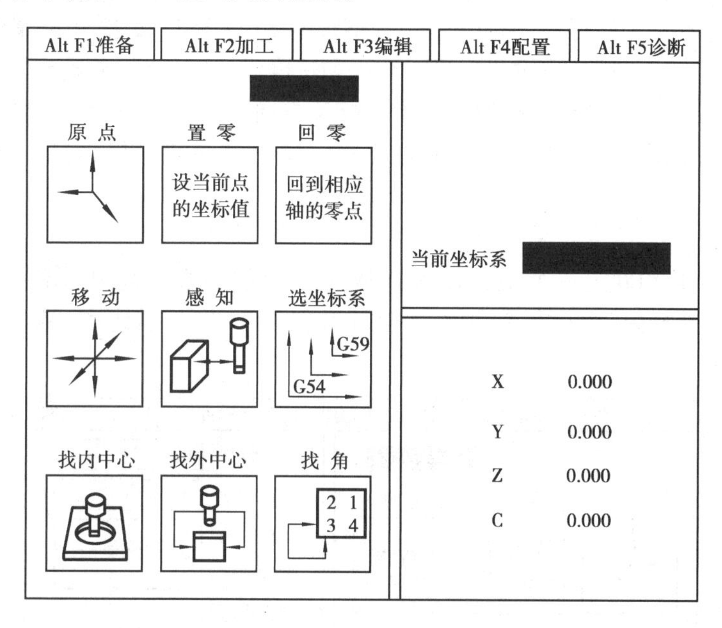

图 4.21　选择坐标系准备屏

（7）找内中心

此功能块用于自动确定一个型腔在 X 向或 Y 向上的中心。选“找内中心”后准备屏如图 4.22 所示。此时在“用户选择区”中有 5 个选项：X 向行程、Y 向行程、感知速度、X 向中心、Y

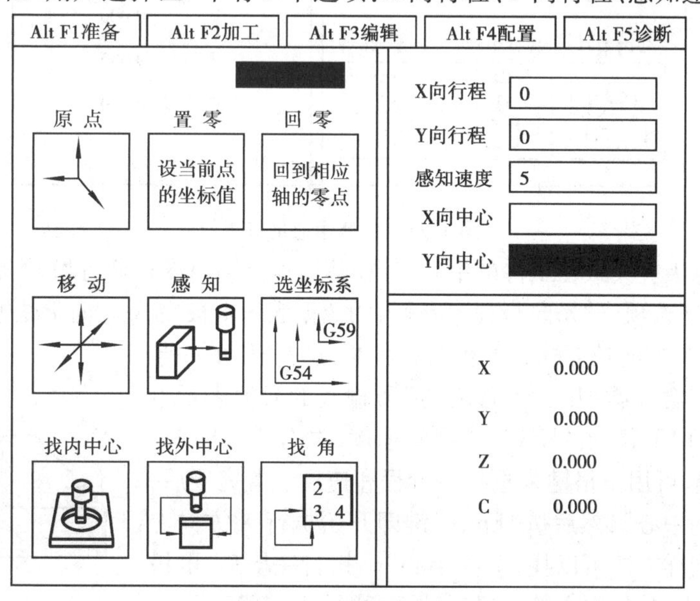

图 4.22　找内中心准备屏

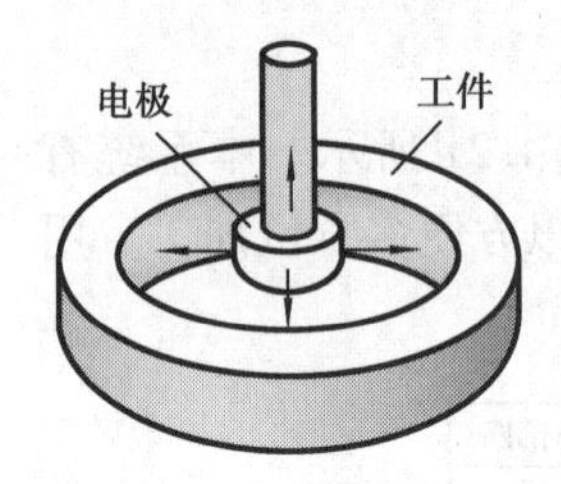

图 4.23　找内中心

向中心。

找内中心前,电极应位于孔内且大致在孔的中心位置,然后用↑或↓键来移动光标到所选项。“X 向行程”所输入的数据表示电极在 X 方向上快速移动的距离,其值应小于孔的半径和电极半径之差;“Y 向行程”含义类似。“感知速度”共分 1 ~9 挡,1 挡最快,9 挡最慢,可用空格键来选择。行程和速度设置完毕后,移动到“X 向中心”,然后按“Enter”键即开始执行 X 方向上的找中心命令;同样方法可以找“Y 向中心”。执行完毕后,电极位于孔的中心位置。找内中心的电极运动示意图,如图 4.23 所示。

(8)找外中心

此功能块用于自动确定一个型芯在 X 向或 Y 向上的中心。选中后准备屏如图 4.24 所示。此时在“用户选择区”中有 6 个选项:X 向行程、Y 向行程、下移距离、感知速度、X 向中心、Y 向中心。

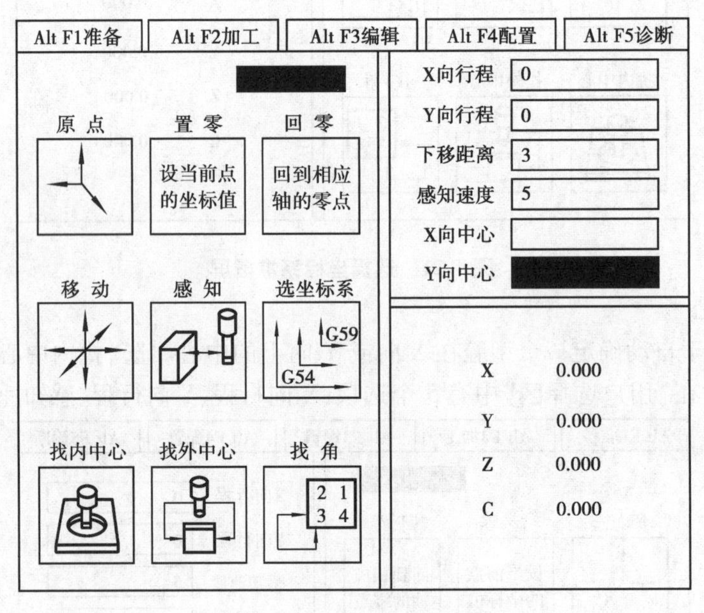

图 4.24　找外中心准备屏

找中心前,电极应大致在工件的中心,且在其运动范围内没有障碍物,然后用“↑”或“↓”键来移动光标到所选项。“X 向行程”所输入的数据表示电极在 X 方向上快速移动的距离,其值应大于工件在 X 方向长度的一半和电极在 X 方向长度的一半之和;“Y 向行程”含义类似。“下移距离”所输入的数值表示电极在 Z 轴方向上向下移动的距离。“感知速度”共分 1 ~9 挡,1 挡最快,9 挡最慢,可用空格键来选择。行程和速度设置完毕后,移动光标到“X 向中心”,然后按“Enter”键即开始执行 X 方向上的找中心命令;同样方法可以找“Y 向中心”。执行完毕后,电极位于工件中心上方,找外中心的电极运动示意图如图 4.25 所示。

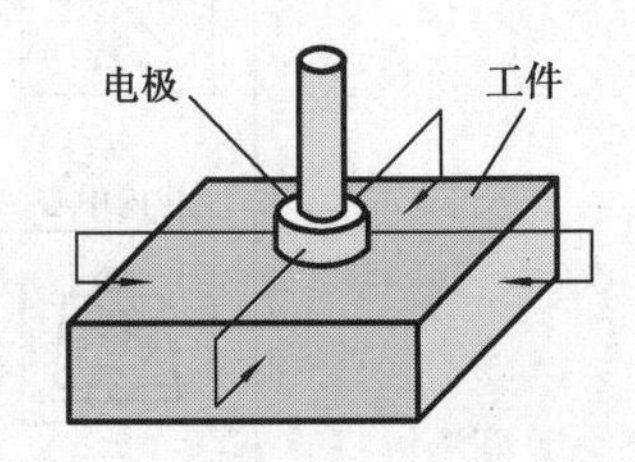

图 4.25　找外中心准备屏幕

(9)找角

此功能块用于自动测定工件拐角。选中后准备屏如图4.26所示。此时在“用户选择区”中有5个选项:X向行程、Y向行程、下移距离、感知速度、角选择。

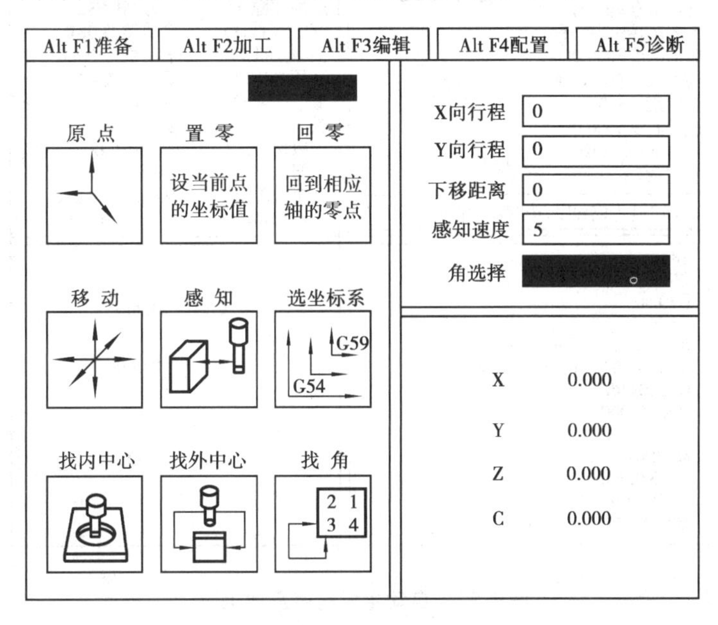

图4.26　找角准备屏

用“↑”或“↓”键来移动光标到所选项进行设置。“X向行程”所输入的数值表示电极在X轴方向上快速移动的距离;“Y向行程”含义类似。“下移距离”所输入的数值表示电极在Z轴方向上向下移动的距离。“感知速度”共分1~9挡,1挡最快,9挡最慢,可用空格键来选择。“角选择”共有4个方位的角,用空格键来选择。上述选项设置完毕后,按“Enter”键开始执行,按“F10”键退出此模块。执行完毕后电极位于距拐角电极半径处。

二、自动生成程序及加工屏

自动生成程序及加工屏用于加工条件的输入、加工程序的自动生成以及加工过程的执行。

1.自动生成程序及加工屏的操作界面

①工艺数据显示区。此区用于显示自动生成程序所需的工艺数据。用户在此区时可用“↑”或“↓”键来移动光标至目标项进行工艺参数的设置。

②加工程序显示区。此区显示当前内存中的程序。当光标在工艺数据选择区时,可用“↓”键把光标切换到该区;也可按“F8”,光标直接跳到此区。在加工过程中,正在执行加工命令的程序用红色显示;若要对程序进行选择后再执行加工命令,则可用“↑”或“↓”键把光标移至目标程序段,然后按“Enter”键即可实现加工。

③加工条件显示区。此区显示当前加工条件的内容。按“Esc”键将光标移入此区,再按“Esc”键则光标回到原先的位置。

④功能键提示区。此区显示当前可执行的功能键。如图4.27所示,按“F1”键生成程序,按“Esc”键转换到条件。

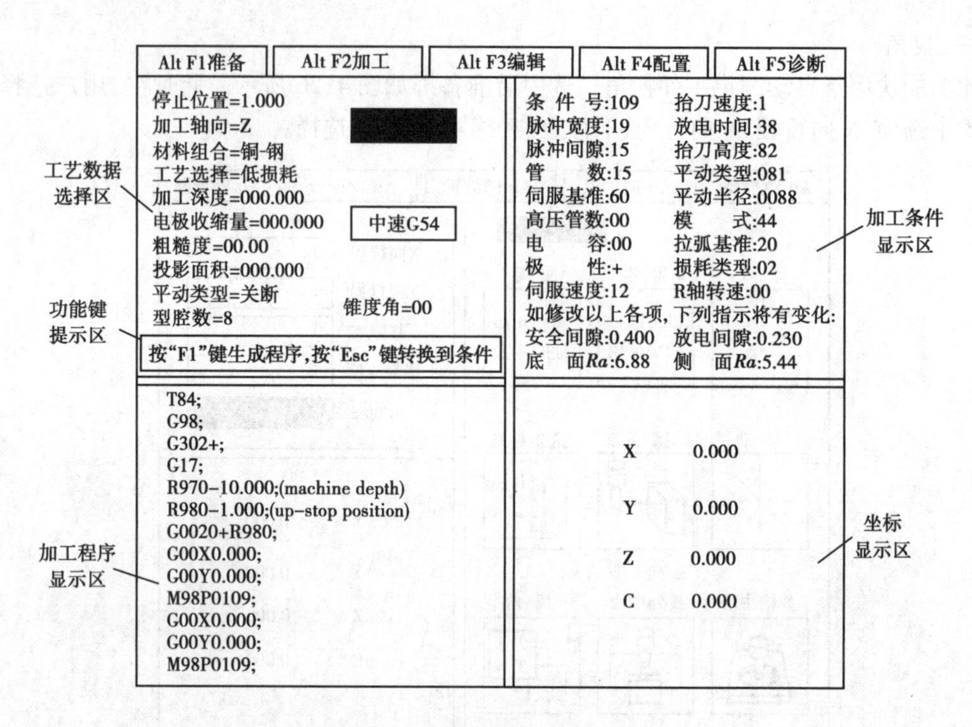

图4.27　自动生成程序及加工屏

⑤坐标显示区。此区同步显示加工过程中的坐标值。

2.工艺参数的设置

①停止位置。每次加工完成后电极停止的位置。

②加工轴向。选择加工轴以及方向,共有+X、-X、+Y、-Y、+Z、-Z 6个选项,可用空格键进行切换。

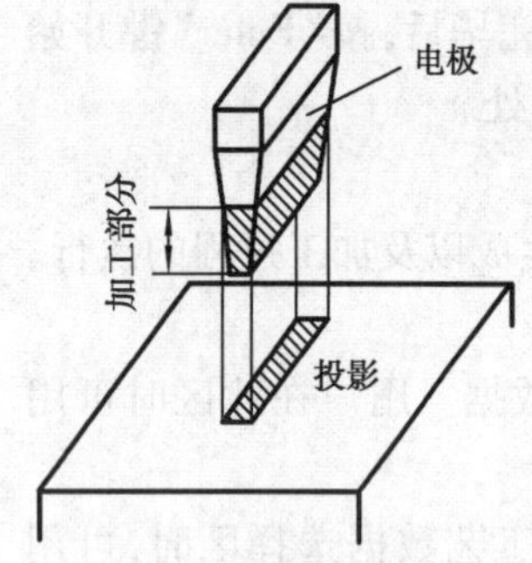

图4.28　投影面积的含义

③投影面积。投影在加工工件上的电极的影子的面积叫投影面积,单位为 mm^2 或 in^2。计算投影面积时只考虑电极的加工部分,如图4.28所示。

④材料组合。材料组合有三种类型:铜—钢、细石墨—钢、石墨—钢,可用空格键进行选择。

⑤工艺选择。加工工艺有三种:低损耗、标准值、高效率,可用空格键进行选择。

⑥加工深度。加工深度表示最终加工的深度,单位为mm或in,按回车键表示输入完成。

⑦电极收缩量。电极收缩量表示电极与最终加工形状之间的差值,单位为mm或in。

⑧粗糙度。粗糙度表示工件的最终表面粗糙度值 *Ra*,单位为μm。

⑨平动类型。平动类型选项可用空格键来选择关闭或打开。当选择关闭时,电极只进行主轴方向的加工运动,另外两轴不作扩大运动;当选择打开时,出现设置平动参数画面,根据需要进行设置。

平动有7种类型:圆形、二维矢量、⊖、⊟、◇、×、+。圆形和二维矢量表示伺服运动,即主轴加工到指定深度后另外两轴按一定的轨迹作扩大运动,此时必须设置另外四个平动参数;图形表示平动类型自由平动,此时只需输入平动半径。平动半径应等于电极收缩量的一半。

⑩型腔数。当进行多型腔加工时,则必须设置型腔数,型腔数值范围为1~26。若设置的型腔数不为零,则在按"F1"键生成程序时,输入完平动数据后按"F10"键屏幕将出现一个表格(图4.29),要求输入每个型腔相对于参考原点的坐标值,单位为mm或in;若按"F2"键生成程序,输入完平动数据后按"F10"键屏幕将出现一个表格,此时要求输入的是H寄存器的编号,电极的移动距离已存储于指定的寄存器中。每个表格可输入13组型腔数据,共2页,可通过"PgDn"键或"PgUp"键实现换页。

Alt F1 准备　Alt F2 加工　Alt F3 编辑　Alt F4 配置　Alt F5 诊断

停止位置=1.000
加工轴向=Z
材料组合=铜-钢
工艺选择=低损耗
加工深度=000.000
电极收缩量=000.000
粗糙度=00.00
投影面积=000.000
平动类型=关断
型腔数=8

中速G54

锥度角=00

按"F1"键生成程序,按"Esc"键转换到条件

条件号:109	抬刀速度:1		
脉冲宽度:19	放电时间:38		
脉冲间隙:15	抬刀高度:82		
管数:09	平动类型:081		
伺服基准:60	平动半径:0088		
高压管数:00	模式:44		
电容:00	拉弧基准:20		
极性:+	损耗类型:02		
伺服速度:12	R轴转速:00		

如修改以上各项,下列指标将有变化:
安全间隙:0.400　放电间隙:0.230
底面 Ra:6.88　侧面 Ra:5.44

型腔	X	Y
型腔01	X=0	Y=0
型腔02	X=0	Y=0
型腔03	X=0	Y=0
型腔04	X=0	Y=0
型腔05	X=0	Y=0
型腔06	X=0	Y=0
型腔07	X=0	Y=0
型腔08	X=0	Y=0
型腔09	X=0	Y=0
型腔10	X=0	Y=0
型腔11	X=0	Y=0
型腔12	X=0	Y=0
型腔13	X=0	Y=0

X　0.000
Y　0.000
Z　0.000
C　0.000

图4.29　多型腔加工

课题四　电火花加工的控制器操作

一、电火花加工步骤

加工前先准备好工件毛坯和电极,然后按以下步骤操作:

①启动机床电源进入系统。

②检查系统各部分是否正常,包括高频电压、水泵等的运行情况。

③安装电极并进行电极校正操作。

④装夹工件,根据工件厚度调整Z轴至适当位置并锁紧。

⑤移动电极坐标至加工区域准备加工。

⑥编制加工程序。

⑦开启工作液泵,调节喷嘴流量。

⑧运行加工程序开始加工,调整加工参数。

⑨监控运行状态,如发现堵塞工作液循环系统应及时疏通,及时清理电蚀产物,但在整个电火花加工过程中,均不宜变动进给控制按钮。

⑩每段程序加工完毕后,一般都应检查纵、横拖板的手轮刻度是否与指令规定的坐标相符,以确保高精度零件加工的顺利进行。如出现差错,应及时处理,避免加工零件报废。

二、电火花加工基本操作

1. 开机

开机操作步骤如下:

①打开位于电柜右侧的主开关。

②打开电柜正面控制板上的急停开关,按蘑菇头箭头方向旋转。

③按电柜正面控制板上的绿色按钮,系统启动。

④在准备屏出现之前不要按任何键(大约 2 min)。

2. 返回机床零点

开机后一般要先返回机床零点,以消除机床的零点偏移,返回机床零点操作步骤如下:

①准备屏出现之后,在功能选择区选择"原点"功能模块后按回车键,此时"原点"功能块变为黄色,光标在用户选择区的开始处。

②检查机床回原点的路径有无障碍。

③按回车键开始执行命令,回原点的顺序先后为 Z 轴、Y 轴、X 轴,到达原点后,三轴坐标显示均变为零。

④按"F10"键退出原点模式。

3. 安装工件和电极

在电火花加工之前必须安装工件和电极,二者的装夹方法因所选用的电火花机床而异。

工件的安装方法有很多种,现常采用弱磁力夹具进行工件的安装。此外,有的电火花机床的工作台面上设置有螺纹孔,通过对工件非加工区域进行螺纹钻孔后用螺钉固定,也能实现工件的装夹。在工件装夹后,一般要进行找正,以保证工件的坐标系方向与机床的坐标系方向一致。

4. 移动电极至加工区域

将电极移动至加工区域的操作步骤如下:

①上升 Z 轴,使主轴头沿 X、Y 向移动时不发生碰撞。

②根据具体情况将电极移动至加工位置。

5. 全自动生成程序系统编程

本系统可自动生成单轴加工带平动的加工程序。具体操作步骤如下:

①选择自动生成程序及加工屏。

②选择加工轴向。用"↑"或"↓"键移动光标至"加工轴向",按空格键进行选择,可供选择的轴向有:+X、-X、+Y、-Y、+Z、-Z。

③输入投影面积。将光标移动到投影面积处输入投影面积。

④选择材料组合。最常用的材料组合有三种:铜-钢、细石墨-钢、石墨-钢,其他的将不

予处理。

⑤工艺选择。常用的加工工艺有三种:低损耗、标准值、高效率,可用空格键进行选择。低损耗工艺的电极损耗相对于标准值和高效率来说稍微低一点,表面质量也相对比较好,但加工效率比较低;高效率工艺正好相反,其加工效率较高,但电极损耗较大,表面质量较差。

⑥输入加工深度。将光标移至"加工深度",输入具体数值(不带正负号),最大值为9 999.999 mm或999.999 9 in。

⑦输入电极收缩量。将光标移至"电极收缩量",输入具体数值,单位为mm或in。

⑧输入粗糙度。将光标移至"粗糙度",输入具体数值,单位为μm。

⑨输入锥度角。对于锥度电极输入锥度角,对于其他形状的电极,锥度角设置为零。

⑩确定平动类型。对于自由平动,平动轴和加工轴同时运动;对于伺服运动,则当加工轴加工到该条件深度后,平动轴才进行运动。

⑪生成程序代码。输入完工艺参数之后按"F1"键或"F2"键即生成加工程序。

6. 设置抬刀

抬刀在数控电火花加工中被普遍采用,它使放电的极间进行循环的开闭,以利于排屑。本系统的抬刀方式有两种,一种是由用户指定抬刀轴向,另一种是沿原加工路径进行。抬刀可分定时抬刀和自适应抬刀。自适应抬刀通过模式去选择;定时抬刀有三个参数:放电加工时间、抬刀高度、抬刀速度。

①放电时间。放电时间即放电加工的时间,单位为0.1 s,可输入的值为1~99。

②抬刀高度。抬刀高度即抬刀退回的距离,单位为0.5 mm,可输入的值为0~99,0表示不抬刀。

③抬刀速度。抬刀速度分为0~9共10挡,0挡最快,9挡最慢。当用X、Y轴伺服时,系统自动把抬刀速度设置为5挡,用户可根据实际情况进行更改。

7. 选择加工条件

一般数控电火花机床都带有多种默认的加工条件,有的系统可拥有1 000多种加工条件,并且用户也可以自定义加工条件。每一个加工条件是一组和放电相关的参数组合,其各参数的定义如下:

①脉冲宽度(PW)。脉冲宽度即逐个放电脉冲持续的时间,范围为0~31,它是一个代号,并不代表真正的时间。

②脉冲间隙(PG)。脉冲间隙表示两个脉冲间无电流的时间,范围为0~31,它也是一个代号,也不代表真正的时间。

③管数(PI)。管数即加工电流,范围为0~15,它也是一个代号,不代表真正的电流强度。

④伺服基准(COMP)。伺服基准表示加工的间隙电压。

⑤高压管数(MI)。当高压管数为0时,两板间的空载电压为100 V,否则为300 V。管数在0~4之间时,每个功率管的电流为0.5 A。

⑥电容(C)。在两极间的回路上设置一个电容,用于表面粗糙度要求很高的EDM加工,以增大加工回路的间隙电压,其值在1~31之间。

⑦极性(POL)。放电加工的极性分为正极性和负极性两种。当电极接正时为正极性;当电极接负时为负极性。

⑧伺服速度(GAIN)。伺服速度即伺服反应的灵敏度,其值在0~20之间。

⑨模式(MODE)。模式的表示采用两位十进制数字,分为00,04,08,16,32五种。每种模式的适用范围如下:

00:表示关闭模式,用于排屑特别好的加工条件。

04:用于深孔加工或排屑特别困难的加工条件。

08:用于排屑良好的加工条件。

16:抬刀自适应控制。当放电状态不理想时,自动减少两次抬刀之间的放电时间,此时,抬刀高度不能为零。

32:电流自适应控制。

⑩拉弧基准(ARCV)。拉弧基准的表示采用两位十进制数字,用于设定拉弧保护的等级,分为00,01,02,03四种。每种基准的含义如下:

00:关闭基准。

01:拉弧保护强。

02:拉弧保护中等。

03:拉弧保护弱。

8. 生成用户自定义的加工条件

此功能允许用户生成自己的加工条件,并将其存入内存之中。用户可以根据其自身的加工特点(如工件材料特点、电极特点、加工习惯等)定义独特的加工条件。用户自定义加工条件的编号范围为000~099。操作步骤如下:

①进入自动生成程序及加工屏,按"Esc"键将光标移动到加工条件显示区的"条件号:"。

②输入加工条件号,条件号最大为3,为十进制数字。

③用"↑"或"↓"键将光标移动至加工条件的各项参数,每项参数设置完毕后按"Enter"键,全部参数设置完毕后按"F1"键就能实现自定义加工条件的存储。

9. 添加工作液

添加工作液操作步骤如下:

①扣上门扣,关闭液槽。

②闭合放油手柄。

③按手控盒上的 键或在程序中用T84指令来打开工作液泵。

④用调节液面高度手柄调节液面高度,工作液必须比加工最高点高出50 mm以上。

10. 加工开始

加工开始的操作步骤如下:

①进入自动生成程序及加工屏,用"↑"或"↓"键或"F8"键将光标移动到程序显示区。

②移动光标至目标程序段后按"Enter"键或按手控盒上的 键即开始加工。

③若上次开机时未回到零点,系统会进行提示,并对液面油温等进行检测,若液面油温未达到设定值也会进行提示。

11. 加工过程中的操作

在系统进行加工时,用户可进行如下操作:

①更改加工条件。按"Esc"键后光标移动到加工条件显示区,用户可对加工条件进行修

改,以适应不同的加工情况。用"↑"、"↓"、"→"、"←"键来选择更改项,输入数值或"+"、"-"来更改加工条件的内容,更改完成后按"Esc"键,光标回到程序显示区。在更改加工条件时,坐标停止显示,但加工并未停止。

②暂停加工。按手控盒上的 [II] 键来暂停加工,暂停后可按手控盒上的 [+X] [-X] [+Y] [-Y] [+Z] [-Z] 键移动电极,以便进行清扫或观察。按 [I] 键后电极自动按移开的路径返回到加工停止点,并继续进行加工。

③停止加工。按手控盒上的 [⊘] 键来停止加工。

12. 掉电后的恢复

在加工过程中,有时会停机,而加工过程中有时可能发生掉电。停机或掉电后若要回到掉电前加工处的零点,则必须具备两个条件:

①所有轴均回到机床原点,因为每一个零点的坐标都以机床原点为参考点。

②所有轴均设定了零点,零点的设定在用自动生成程序系统生成的程序中,总是先与工件接触感知,然后把接触感知点设定为工件的零点。

具体的操作步骤如下:

①电源恢复后,打开机床电源开关。

②所有轴回零点。

③进入准备屏,把光标移动至回零模块后按"Enter"键,选择回零的轴,再按"Enter"键。为了避开工件,用户可用手控盒将机床移动至指定点,然后再进入回零模块并选择需回零的轴开始回零。

课题五 电极装夹与定位

一、电极装夹

1. 电极装夹注意点

电极装夹是指将电极安装于机床主轴头上,电极轴线平行于主轴头轴线,必要时使电极的横剖面基准与机床纵横拖板平行。电极装夹时应注意以下几点:

①电极与夹具的接触面应保持清洁,并保证滑动部位灵活。

②将电极紧固时要注意电极的变形,尤其对于小型电极,应防止弯曲;螺钉的松紧应以牢固为准,用力不能过大或过小。

③电极装夹前,还应该根据被加工零件的图样检查电极的位置、角度以及电极柄与电极是否影响加工。

④若电极体积较大,应考虑电极的夹具的强度和位置,防止在加工过程中,由于安装不牢固或冲油反作用力造成电极移动,从而影响加工精度。

2. 装夹方法

由于在实际加工中碰到的电极形状各不相同,加工要求也不一样,因此安装电极时电极的装夹方法和电极夹具也不相同。下面介绍几种常用的电极夹具:

①图 4.30 所示为电极套筒,适用于一般圆电极的装夹。

②图 4.31 所示为电极柄结构,适用于直径较大的圆电极、方电极、长方形电极以及几何形

状复杂而在电极一端可以钻孔套丝固定的电极。

③图4.32所示为钻夹头结构,适用于直径范围在1~13 mm之间的圆柄电极。

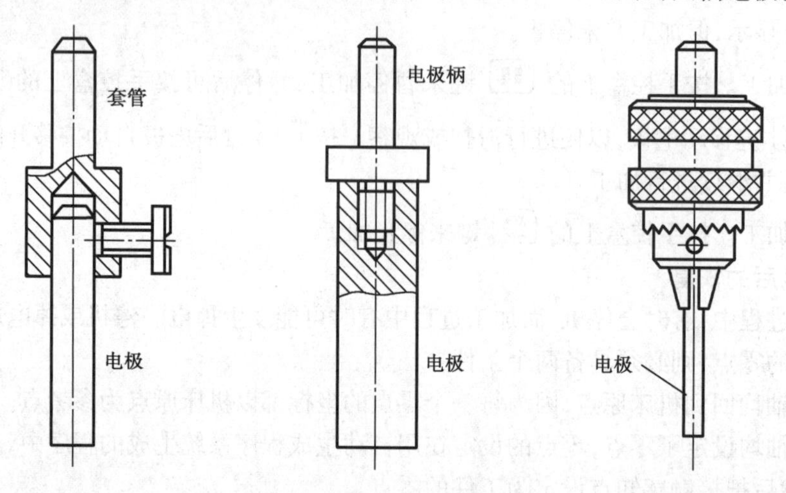

图4.30 电极套筒　　图4.31 电极柄　　图4.32 钻夹头

④图4.33所示为U形夹头,适用于方电极和片状电极。

⑤图4.34所示为可内冲油的管状电极夹头。

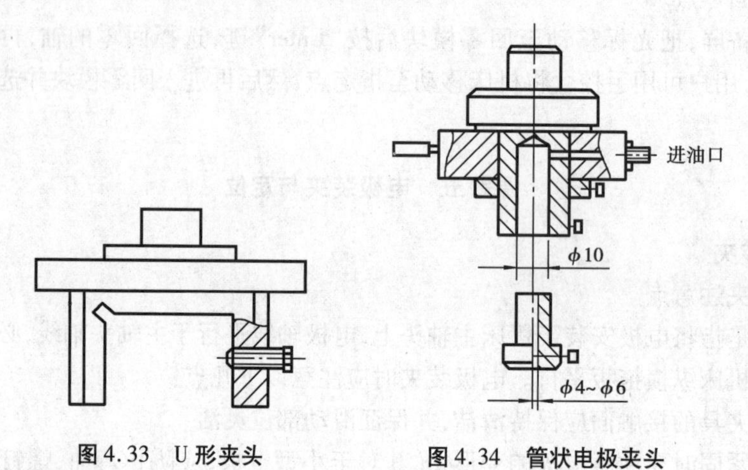

图4.33 U形夹头　　图4.34 管状电极夹头

3.电极垂直度校正

电极垂直度校正的工具主要有精密角尺和千分表。图4.35所示为利用精密角尺校正垂直度,图4.36所示为利用千分表进行校正。

对于多型孔工件的电火花加工,可采用单电极一个个加工,或将几个电极组合起来,同时加工出几个型孔。多电极装夹目前主要采用夹具加上一些标准或专用垫块组成。装夹时的定位基准和紧固基准主要是电极的侧面。对于大电极,则电极的侧面作为定位基准,电极的端面作为紧固基准。多电极装夹应注意以下几点:

①保证各电极之间的相对位置,必须考虑放电间隙对型孔相对位置的尺寸影响。

②保证电极之间的相互平行关系。

③安装中心尽量与电极中心重合。

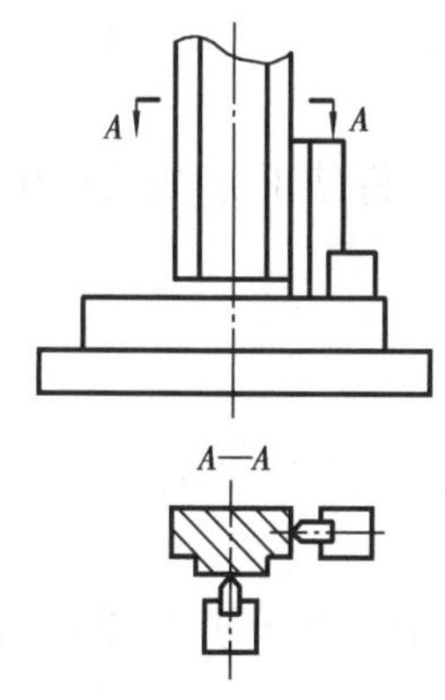

图 4.35 用精密角尺校正电极垂直度

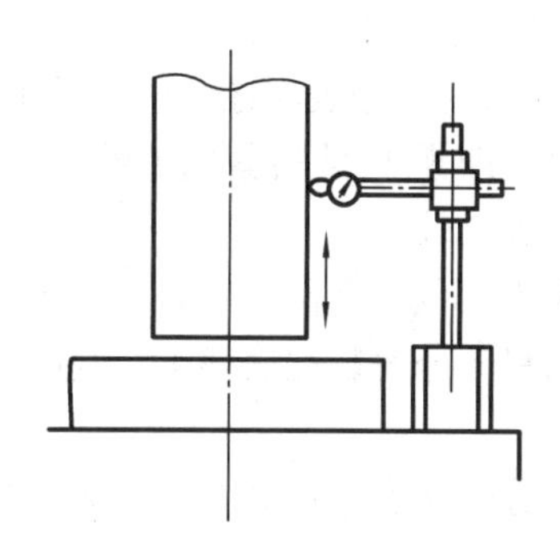

图 4.36 用千分表校正电极垂直度

二、定位

定位是指将已安装完成的电极对准工件的加工位置，以确保加工孔在工件上的位置与尺寸精度。常用的定位方法主要有以下几种：

1. 划线打印法

这种方法主要适用于型孔位置精度要求不太高的单型孔工件。操作步骤如下：

①在工件表面划出型孔轮廓线。

②将已安装正确的电极垂直下降，与工作表面接触，用眼睛观察并移动工件，使电极对准工件后将工件紧固。

③用粗规准初步电蚀打印后观察定位情况，并用机床纵/横拖板调整位置。

2. 垫量块法

这种方法适用于电极基准与工件基准相互平行的单型孔或多型孔加工，如图 4.37 所示。操作步骤如下：

①根据加工要求，计算电极至两基准面之间的距离。

②电极装夹后下降至接近工件，用量块及刀口直尺使工件定位后紧固。

3. 量块比较法

如图 4.38 所示，操作步骤如下：

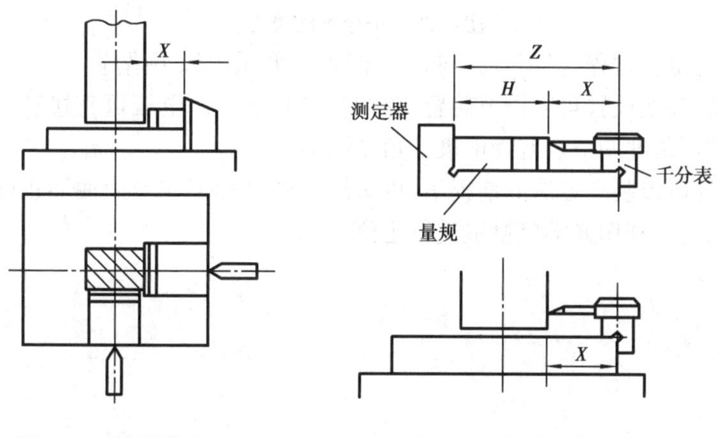

图 4.37 垫量块法　　图 4.38 量块比较法

①测定器尺寸 Z 固定,垫上量块(尺寸为 $H = Z - X$)后使尺寸 X 为电极基准与工件基准间距离,然后靠上千分表记下读数。

②定位时,将千分表靠在工件基准上,表头接触电极,移动工件使千分表指示为原读数,此时的定位尺寸即为 X,然后紧固工件。

4. 千分表比较法

如图 4.39 所示,操作步骤如下:

①将两只千分表装在表架上,放在工作台上紧靠角尺,调整两只千分表,使它在"0"位(图 4.39(a))。

②将千分表架靠上已装夹的工件(工件基准面与机床拖板轴线平行),使下面的千分表指示为"0"(图 4.39(b))。

③移动工作台,使电极与上面的千分表相靠,并使千分表指示为"0",此时电极与工件的基准面处于同一平面(图 4.39(c))。

④根据电极和工件的相对位置要求,移动工作台实现定位(图 4.39(d))。

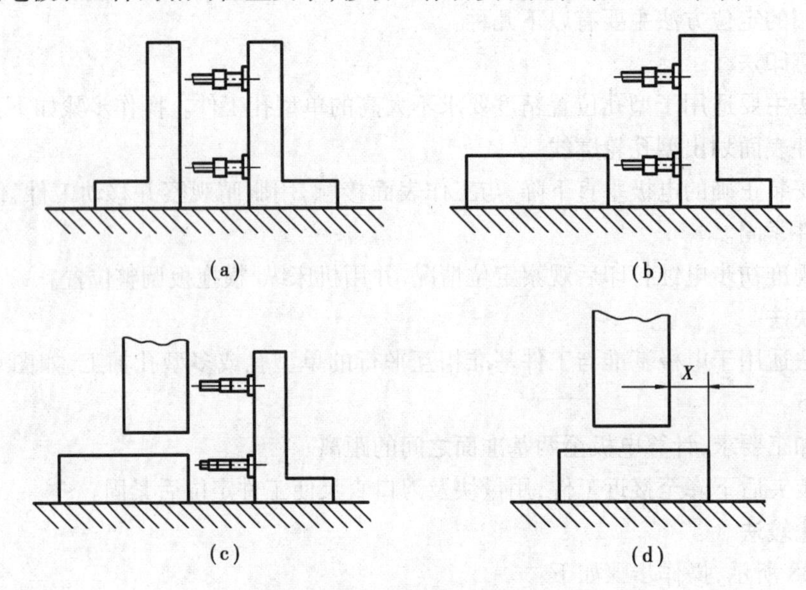

图 4.39 千分表比较法

为简化装夹与定位过程,提高装夹与定位精度,通常采取以下措施:

①在机床主轴头上设置角度调节装置,并配备装夹基准。电极可直接装上且无须调整垂直度,必要时可利用角度调节装置使电极作角度调整。

②在解决上述电极装夹方法的前提下,可采用精密坐标工作台简便而正确地调整工件与电极的相对位置,也可利用光学显微镜进行定位。

任务四　电火花加工的安全文明生产

课题一　加工安全检查

一、准备加工时的检查事项

1. 工件的装夹

确认工件是否确实固定在工作台上。固定时需要使用工作灯、夹钳、磁盘等辅助工具，而且根据工件的形状或条件有多种使用方法。用夹具装夹工件，要注意夹具的螺栓长度，防止加工过程中螺栓与电极短路，引起火灾。再是注意夹具、电极和液面的位置，以便适当地利用夹钳及磁盘。

2. 电极的装夹

确认电极是否确实固定在机床的机头部位。若固定不稳定，在加工过程中电极有可能会掉落，那么电极和夹具之间将会放电。若有以上情况时将不会有精密加工。电极脱落引起放电并且在液面附近，那将是引起火灾的危险状态。

3. 导线是否安全

请确认电极导线的绝缘有没有破裂，然后再检查电极、工件、夹具等之间是否有干扰，如果导线夹在运动物件之间，则极易破裂。还要检查电极导线的固定螺栓有没有松动。破裂绝缘导线与夹具螺栓在液面附近可能发生放电，这也是引起火灾的危险状态。

4. 工作液液面

①禁止单一喷射加工。若加工槽里没有加满加工液，并且使用喷射架进行喷射加工时，加工液容易着火，很危险。

②禁止空放电。利用细放电火花来决定工件和电极位置时，周围若有余量，加工油将会有火灾隐患，因此千万不要做。

③在装有金属性液处理工具（喷射架、喷嘴）的情况下，进行加工轴移送时，若与电极、工件、夹具等接触，那么将会发生短路和放电现象。因此要注意安装，最好使用塑料喷管。

④液处理。液处理请设定在金属、塑料、电极、工件、辅助夹具等没有干扰的位置上。在加工中移动时，有时会干扰或破坏喷管和喷嘴，有时会朝其他方向喷射。还有若喷射喷管的底座放在加工槽的外侧或者喷射喷管朝着外面方向时，因此要注意安装。

二、加工之前的检查事项

1. 检查液位高度

加工液有可能会外射，加工液的液位必须比工件高出 50 mm，如图 4.40 所示。若设定高度低并且在液面附近进行放电时，将有火灾隐患。正确调节液位高度，若高度达不到50 mm，请不要加工。加工中由于某种原因低于液面时，液位检测器将自动停止放电加工。液位检测器的运作范围因机床不同有所差异，在此设置低 20 mm 的位置处作业。为了安全起见，建议液位设置为 70 mm 以上。

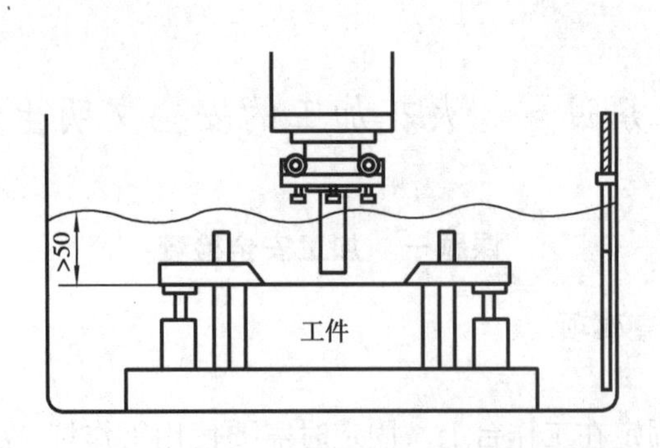

图 4.40　工作液液位高度

2. 检查加工液的状态

实际加工之前请检查加工液的状态。

①加工液的污染。因加工液的污染严重而影响加工的稳定时,有可能要做第二次放电。因此先检查过滤芯状况,然后再根据其结果考虑更换过滤芯或加工液。

②加工液呈混浊状态是因伺服槽内的加工液位下降,油泵抽油时把空气一起吸入而发生的现象。若液位低于所需要求时请填补加工液。

③若感到喷射流动弱时,请检查伺服过滤器的压力,并根据其读数值确定是否要更换。还有,为了提高喷射、吸入的压力,检查送液量调节装置是否要更换。

3. 检查灭火装置

大部分的数控电火花机,为了预防火灾配备了自动灭火装置。执行加工之前请检查灭火装置。

三、加工中的检查事项

①加工条件是否适合。请不要用过大的放电条件来进行加工。若局部上提高加工能量,加工液的温度将会上升,会引起火灾的危险。

②检查放电油相关部位是否有泄漏,放电油的液位高度有没有变化。

③分流处理的压力设置。分流、吸入的压力太大,将引起电极的异常消耗或吸入空气造成加工不稳定,甚至有火灾隐患。

④放电油的温度。连续加工和粗加工容易造成加工液温度上升,因此必须注意检查。安有加工液冷却装置的机型,请检查设置温度。

⑤无人值守加工。开始加工后进入稳定加工状态期间,若想离开电火花机,请认真检查加工状态。还有,在长时间自动加工时也要经常检查加工状态。夜晚最好避免大电流自动加工。

课题二　电火花机床加工的安全规程

一、电火花加工的不安全因素

电火花机床存在着一定的危险性,主要包括以下几方面:

①电火花机床是在高压下进行工作的,使用电压为 380 V 的交流电源,并且其电极是带电工作的。

②电火花加工所使用的工作液是易燃品,特别是如果使用煤油作为电火花加工液时,在放电加工过程中,产生爆炸性气体和烟雾,极易引起火灾。

③其他,如放电加工产生的污染物、工件放置等。

事实上,由于安全防范意识淡薄和操作不当引起的安全事故常有发生,特别是引起火灾的将造成极大的损失。但是只要做好防范措施,并严格按照安全规范所规定的要求,做好机床的保养维护工作,做好加工前与加工后的安全检查工作,正确操作加工机床,这些安全事故是完全可以避免的。

二、电火花加工的安全技术规程

电火花加工的安全技术规程归纳起来主要有以下几点:

①电火花机床必须设置专用地线,保证机床设备可靠接地,防止因电气设备绝缘损坏而发生触电事故。

②机床电气设备尽量保持清洁,防止受潮,否则可能降低机床的绝缘度而影响机床的正常工作。

③操作人员在加工过程中必须站在耐压 20 kV 以上的绝缘物上,不得接触电极工具。操作人员不得长时间离开机床。

④机床附近严禁烟火,并配置适当的灭火器。若发生火灾,应立即切断电源,并用四氯化碳或二氧化碳灭火器灭火,防止事故扩大。

⑤电火花加工操作车间内,必须具备抽油雾和烟气的排风换气装置,保证室内空气通风良好。

⑥油箱要保证足够的循环油量,油温要控制在安全范围之内。添加工作介质(煤油)时,不得混入汽油之类的易燃物,以免发生火灾。

⑦加工过程中,工作液面必须高于工件一定距离(通常为 30 ~ 100 mm)。若液面过低,加工电流较大,则容易引起火灾,因此操作人员必须经常检查液面是否合适。

⑧在火花放电转成电弧放电过程中,电弧放电点局部温度很高,工件表面上容易积炭结焦且不断增高,主轴跟着向上回退,直至在空气中释放火花而发生火灾。

⑨根据煤油的混浊程度,应及时更换过滤介质,并保持油路畅通。

⑩电火花机床的电气设备必须由专人负责,其他人员不得擅自乱动。

⑪加工完毕必须切断机床总电源。

三、电火花机床的安全操作规程

电火花加工的安全操作规程归纳起来主要有以下几点:

①安装电火花加工机床之前,应选择合适的安装和工作环境,要具备抽风排油雾烟气的条件。

②操作人员应接受有关劳动保护、安全生产的基本知识和现场教育,熟悉本职的安全操作规程。坚决执行岗位责任制,保证室内外环境安全卫生、设备物品安全放置,做到文明生产。

③操作人员应熟悉机床的结构、原理、性能及用途等方面的知识,按照工艺规程做好加工前的一切准备工作。

④在电火花加工场所,应确定安全防火人员,实行定岗定人责任制,定期检查安全设备,加工场所严禁烟火。

⑤检查工具电极和工件是否都已校正和固定好,调节工具电极与工件之间的距离。锁紧工作台面,启动工作煤油泵,使工作煤油液面高于工件加工表面一定距离,然后启动脉冲电源

进行加工。

⑥在电火花加工过程中,操作人员不能同时接触工具电极和机床,否则有可能触电,严重时可能危及生命。若必须在加工过程中接触电极,则操作人员必须站在橡胶铺垫等绝缘物体上。

⑦为了防止触电事故的发生,应该采用相应的安全措施。如应建立各种电气设备的定期检查制度;加工时尽量不带电工作,若必须带电工作则应采取必要措施。

⑧在加工过程中,操作人员应坚守岗位,集中思想,细心观察机床设备的运转情况,发现问题及时处理。

⑨加工完毕后,应立即切断电源,收拾工具,清扫现场。

四、电火花机床的维护和保养

机床安装处要求:无大的振动,无烟尘,干燥,日光不直接照射,无直接热辐射,应有排烟装置和相应的消防器材,电源线最好与其他设备电源线分开。

机床维护和保养的内容如下:

①应定期清洗机床。使用含有中性清洁剂的软布擦洗积聚在电柜和机床表面的灰尘,用工作液清洗工作液槽及该部位所有部件,经常擦洗电缆上的线托,用细砂纸或金刚砂布擦掉锈斑或残渣,保持夹具干净。

②定期向油箱添加工作液,保证加工正常进行。

③保持回流槽干净,检查回油管是否堵塞,必要时更换过滤芯。

④定期更换安装在电柜后板上的空气过滤器,以防从风扇吸入灰尘。

⑤定期检查安全保护装置如紧急停止按钮、操作停止按钮、液面高度传感器是否工作正常。

⑥间隔半年重新校验与调整机床。

维护和保养时的注意事项如下:

①机床的零部件不能随意拆卸,以免影响机床精度。

②工作液槽和油箱中不允许进水,以免影响加工。

③直线滚动导轨和滚珠丝杠内不允许掉入赃物或灰尘。

④在设备维护和保养期间,建议用罩子将工作台面保护起来,以免工具或其他物品砸伤或磕伤工作台面。

参考文献

[1] 董丽华,王东胜,佟锐.数控电火花加工实用技术[M].北京:电子工业出版社,2006.

[2] 单岩,夏天.数控线切割加工[M].北京:机械工业出版社,2004.

[3] 刘航.模具制造技术[M].西安:西安电子科技大学出版社,2006.

[4] 陈前亮.数控线切割操作工技能鉴定考核培训教程[M].北京:机械工业出版社,2006.

[5] 潘宝权.模具制造工艺[M].北京:机械工业出版社,2004.

[6] 马名峻,蒋亨顺,郭洁民.电火花加工技术在模具制造中的应用[M].北京:化学工业出版社,2004.

[7] 高佩福.实用模具制造技术[M].北京:中国轻工业出版社,1993.

[8] 白基成,郭永丰,刘晋春.特种加工技术[M].哈尔滨:哈尔滨工业大学出版社,2006.

[9] 单岩,夏天.数控电火花加工[M].北京:机械工业出版社,2005.

参考文献

[1] [illegible]. 数控电火花加工[illegible][M]. 北京:电子工业出版社,2006.
[2] [illegible]. 数控线切割加工[M]. 北京:化学工业出版社,2004.
[3] [illegible][M]. [illegible]:[illegible]大学出版社,2006.
[4] [illegible]. [illegible]技能鉴定考核[illegible][M]. 北京:机械工业出版社,2006.
[5] [illegible][M]. 北京:机械工业出版社,2004.
[6] [illegible][M]. 北京:化学工业出版社,2001.
[7] [illegible]. [illegible]技术[M]. 北京:中国[illegible]工业出版社,1998.
[8] [illegible]. [illegible]加工技术[illegible][M]. [illegible]工业大学出版社,2006.
[9] [illegible]. [illegible]加工[illegible][M]. 北京:机械工业出版社,2003.